异次元

宇宙学

日本彡ve社 编著

吴小米 译

ZHEJIANG UNIVERSITY PRESS
浙江大学出版社
· 杭州 ·

图书在版编目（CIP）数据

异次元宇宙学 / 日本live社编著；吴小米译. --
杭州：浙江大学出版社，2023.10
ISBN 978-7-308-24049-9

Ⅰ. ①异… Ⅱ. ①日… ②吴… Ⅲ. ①科学普及一普
及读物－创作方法 Ⅳ. ①N49

中国国家版本馆CIP数据核字(2023)第145928号

NIJIGENSEKAINI TSUYOKUNARU GENDAI OTAKU NO KISOCHISHIKI by Live
Copyright Live, 2017
All rights reserved.
Original Japanese edition published by KANZEN CORP.
Simplified Chinese translation copyright 2023 by ZHEJIANG UNIVERSITY PRESS
This Simplified Chinese edition published by arrangement with KANZEN CORP. ,
Tokyo,
through HonnoKizuna, Inc., Tokyo, and Eric Yang Agency, Inc
浙江省版权局著作权合同登记图字：11-2023-204

异次元宇宙学

日本live社　编著　吴小米　译

责任编辑	张　婷
责任校对	顾　翔
责任印制	范洪法
封面设计	violet
出版发行	浙江大学出版社
	（杭州市天目山路148号　　邮政编码　310007）
	（网址：http://www.zjupress.com）
排　　版	杭州林智广告有限公司
印　　刷	杭州钱江彩色印务有限公司
开　　本	880mm×1230mm　1/32
印　　张	8.75
字　　数	277千
版 印 次	2023年10月第1版　2023年10月第1次印刷
书　　号	ISBN 978-7-308-24049-9
定　　价	62.00元

前言

　　小说、游戏、动漫等，这些展现着"炫酷日本"形象的二次元内容，具有特殊的趣味性。

　　这些作品看似以萌系形象为主流（这些萌系形象也时不时被人们揶揄有"中二病"），但如果我们仔细鉴赏这些作品，就会在其充满娱乐性的外表下，从各个不同的领域找到许多原型出处，这样深入了解作品后，也就能更好地理解其故事架构。

　　举例来说，游戏 FATE 系列中，虽然出场的大部分人物是世界知名的英雄或伟人，却也有些是相当偏执甚至疯狂的人物。这些复杂的人物构成加上错综的人物关系，最终描绘出具有相当厚重感的故事。此外，动画《少女与战车》中对战车细致入微的描写，不仅让军事迷着迷，也让原本对该领域毫无兴趣的人都深陷其中。

　　以这些二次元世界作为入口，粉丝们研究作品中各种梗的出处，并借以学习背后的知识、语言、历史……这已经成为当下的潮流。

　　但其实对于日本二次元内容创作来说，引用一些冷门的梗来搭建世界观，是一种惯用的手法，并不是什么新鲜事物。在动画《新世纪福音战士》开头出现的《死海古卷》也好，动画《机动战士高达》中的"宇宙殖民地"也好，在这些作品问世前都只是一些冷门的专门术语罢了。通过这些高人气作品的推广，这些词汇才广为人知。

通过自己喜欢的作品来了解其中内容的出处和背后含义，这原本是一件再自然不过的事情，只不过在二次元世界中，会让人们感觉"有点偏门"。

但实际上，现在各类二次元作品的数量已经极其庞大，因为各种原因没看过《新世纪福音战士》的人中，会接触《死海古卷》的人大概也是极少数。

基于此，本书将会介绍现代二次元世界中的一些门槛级知识，将各个"偏门"领域的知识都向二次元爱好者们做一个基本的说明。

本书会将这些知识分为神话、历史、军事、科学、神秘学等几个领域，以方便各位读者在遇到不懂的用语时查阅。

希望通过本书，
让大家都成为一个知识丰富的
真正"阿宅"。

神话 · 传说

异次元宇宙学

目 录

军事·组织（犯罪与治安）

历史

超自然现象

每页的阅读方式

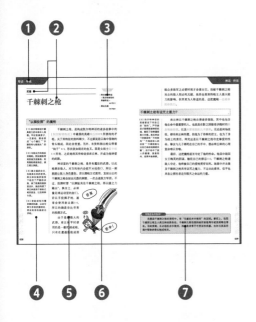

1 标题

各章的标题。

2 分类及项目名

【分类】
补充说明项目所属的领域。

【项目名】
二次元世界中的世界观设定、专门用语或创意等的原出处。从最基本的常识到近年话题性颇强的用语等。

3 关 联

与本项目具有某种关联的内容，或解说时提及的某些用语概念等。

4 注 释

补充说明解说文字中出现的专门用语，尤其针对非一般性的专业术语做注释。

5 解 说

主要介绍该项目的基本概要，提及专业术语时会附加注释。

6 插 图

各项目的插图，有时也会在插图中进行辅助说明。

7 小专栏

解说文字的延展说明，或是介绍解说中未提及的其他相关事件、概念等。

8 表 格

以表格等方式说明该用语或领域的相关要素，或是补充说明解说文字中未能详细说明的部分。

神话·传说

Mythology · Folklore

武器

埃癸斯

关联

■ 雅典娜
➡ P007

■ 宙斯
➡ P048

女神雅典娜的攻防兼具的强力护盾

【1】拥有强大破坏力的宙斯的武器，据说其外形如同闪电。

【2】曾是人类，由于不慎惹怒雅典娜而被变成妖怪。

【3】希腊神话中仅次于赫拉克勒斯的英雄，他们的父亲都是主神宙斯。

在希腊神话中，主神宙斯赠送给女儿雅典娜的护盾——埃癸斯，由独眼巨人一族的火神赫菲斯托斯冶炼，拥有驱魔除恶的强大法力。

原本埃癸斯就是防御力非常惊人的武器，即使是宙斯最强大的武器"雷霆"【1】也无法损伤其分毫。而且，美杜莎【2】的头颅更使其性能得到了进一步增强。当时英雄珀耳修斯【3】想要击退怪物美杜莎，但只要直视美杜莎就会被石化。于是雅典娜将一面光滑如镜的青铜盾借给他。凭借这面盾的反射，珀耳修斯不必直视美杜莎，从而将其斩杀，砍下她的头颅。为了向雅典娜致意，珀耳修斯将美杜莎的头颅献给雅典娜，雅典娜便将这具有石化魔力的头颅镶入了埃癸斯。

在防御力上原本已十分强大的埃癸斯，又拥有了能让敌人石化的魔力，从此成为一件攻防兼具的强力护盾。

给我进入！

バンッ

别开玩笑

埃癸斯

神话·传说

阿瓦隆

关联

■ 圆桌骑士
~ 亚瑟王传说 ~
➡ P021

结出美丽果实的传说中的乐园

【1】欧洲流传已久的古代传说。内容主要描写亚瑟王与圆桌骑士经历的壮烈战役和冒险历程。

【2】也被称为"湖夫人",出现在断剑的亚瑟王面前,赐予他全新的宝剑。有人推测这不是某个特定人物的名字,而是一个群体的代称。

世界各地广为流传的《亚瑟王传说》【1】的终点就是传说中的小岛——阿瓦隆。传说,阿瓦隆是由湖泊和岩石构成的岛屿,岛上有四季常青的广袤草地和平原,平原上生长着能结出各种果实的树木。那里的天气永远平稳舒适,没有风雨也没有冰雪。

在《亚瑟王传说》中,亚瑟王因与篡夺王位的莫德雷德战斗而身负重伤,为了得到永恒的休息,他听从湖中妖女【2】的话,来到了阿瓦隆。

而关于阿瓦隆的实际所在地,众说纷纭。其中最有名的是格拉斯顿伯里之说:公元1191年,原属格拉斯顿伯里修道院的建筑物遭遇火灾,在事后清理过程中,人们发现了铅制的十字架,上刻"伟大的亚瑟王长眠于阿瓦隆",同时还发现了两具遗骸,据推测正是亚瑟王与其妻子桂妮维亚王后。

幻兽、妖怪

关联

■外星人

➡ P238

亚人

乍看仿佛是人类，但实际并不是人类的类人生物

【1】引发人类无法理解的现象，或拥有不可思议力量的怪物。在日本的传统信仰中，万物有灵，一旦存在不可理解的现象，便可推给妖怪。因此有时妖怪和神是相同的。

　　所谓亚人，指的是形体类似人类，但与人类有着本质区别的生物，英文名为"Demi-Human"。它们都不是人类，特征各异，即使它们仅在神话或传说中出现，也是一个很大的类别。按照其特征概括整理的话，亚人主要可分为以下几种。

　　1.乍看像人类，却有的只有一只眼睛（独眼巨人），有的身体异常巨大（巨神族），有的有三只手臂（赫卡同克瑞斯），有的拥有邪眼（巴罗尔）等，这属于身体上拥有显著特征的类型。

　　2.狼人、人鱼、喀戎、弥诺陶洛斯、哈耳庇厄等，属于半兽半人的类型。

　　3.外表与人类完全无异，但实际上是人造人、外星人【1】，或半神半人、天使、恶魔、妖怪等不属于人类的种族。

　　一部分所谓的"怪物"及"生物"，很难与亚人明确区分开来，但原则上只要有最低限度人类体型特征者，均可被称为"亚人"。实际的学术用语中，类似人类而非人类的生物通常被称为"异人"，而"亚人"更多用在动画和漫画等创作领域。

亚人

■ 主要的亚人种类

基于本项目分类，列举出一些亚人案例如下。不过所谓的"亚人"并非一个正式的学术用语，也无明确定义，我们只能将其宽泛地理解为"不属于人类，但与人类拥有诸多相通部分的生物"。

亚人类型	原属种族	具体特征
身体具有奇异特征	阿尔戈斯	希腊神话中的巨人，女神赫拉的忠实部下，长有一百只眼睛，可以交替闭目休息，这个特点让阿尔戈斯可以永不休息地工作，讨伐过萨梯和艾奇德娜。
	精灵	北欧民间传说中登场的妖精一族。在北欧神话中，精灵被视为掌控自然和丰收的神。受小说《魔戒》影响，现在多被认为拥有尖耳且善于射箭。
	巨神族	在希腊神话中出现的巨人一族的统称，手持长枪，与生俱来的善良盔甲覆盖全身，为向奥林匹斯神族报仇而生，拥有连神也无法摧毁的不死特性及怪力。
	独眼巨人	拥有高超的冶炼技术，乌拉诺斯与盖亚所生的三兄弟，被囚禁在地狱时为宙斯所爱，为报答宙斯，为其打造武器"雷霆"。
	矮人	小说《魔戒》中登场的种族，身材矮小却意志坚毅，原型为北欧神话中的妖精，起源于侏儒。他们居住在洞窟中，是优秀的工匠，打造过"永恒之枪"与"雷神之锤"。
	巴罗尔	凯尔特神话中登场的魔神，弗魔族的领袖，拥有可以抵抗各种武器伤害的强健身躯，其左眼还有用视线杀人的魔力。魔眼平时闭着，战斗时才会睁开。
	百臂巨人	希腊神话中的三巨人，拥有100条手臂和50个头颅，曾因囚禁在地狱的塔尔塔洛斯时被宙斯搭救，从而跟随宙斯参加对抗达南神族的战争。在战争中用自己的众多手臂不断投掷石块，从而帮助己方取得了胜利。
半兽半人	狼人	半狼半人，是可变身为狼的兽人。在民间传说中，他们是游荡在森林和田间的恶棍，到了中世纪，在基督教文化中被视作恶魔。
	肯陶洛斯	脖子以下是马，以上是人形的兽人。绝大部分是男性，性格粗暴，喜爱饮酒作乐。不过在希腊神话中，身为肯陶洛斯的喀戎是有名的贤者，也是诸多英雄的导师。
	斯芬克斯	原本是狮身人面的埃及神兽，肩负守护神殿与陵墓之责。但在希腊神话中，变成了让人类猜谜，猜不出谜底就把人类吃掉的怪物。
	哈耳庇厄	拥有女性的脸和胸部，同时拥有鸟类的羽翼和下半身，是希腊神话中的妖怪。在神话中，是与姊妹结伴出现的精灵；在史诗中，是啃食腐肉的不祥怪物。
	人鱼	上半身是人类，下半身是鱼。世界各地皆有其传说，传说其上半身是长发的美丽女子，坐在岩石上梳发。性格方面，有的传说认为其拥有可怕的魔力，有的则认为其温柔友好。
	弥诺陶洛斯	牛头配上健硕的男性身体的希腊神话怪物。克里特岛的米诺斯国王将其关在代达罗斯建造的迷宫中，每隔九年便献上七对少男少女做祭品。
	美杜莎	希腊神话中的蛇发怪物，皮肤上覆盖着青铜一样的鳞片，直视其瞳孔就会被石化。原是戈尔贡三姐妹中最美的一位，因惹怒了雅典娜，被罚作怪物。

亚人

亚人类型	原属种族	具体特征
其他种族	人造人	外观酷似人类的机器人。基本上因人工智能而获得自由行动能力的个体都被称为人造人（男性英文名为 Android，女性则为 Gynoid）。
	吸血鬼	源于东欧罗马尼亚的民间传说。白天在棺材中睡眠，夜晚来临后活动，会突袭睡眠中的人类，吸干其血液。而被吸血鬼吸血致死的人，也会变成新的吸血鬼。
	鬼*	头顶长有牛角，筋骨隆起且具有怪力的妖怪。原本所有魂灵都称作"鬼"，但随着妖怪分类的细化，鬼现专指拥有暴力特质的部分魂灵。 * 译者注：此处的"鬼"指的是日本民间传说中的某类妖怪，与我国一般所说的"鬼"概念不同。
	灰人	来源于地外文明的智慧生命体，是外星人的一种，拥有灰色的皮肤和上扬的黑色大眼睛，头部硕大，身体纤细，几乎没有肌肉。20 世纪 70 年代首次被报道。
	僵尸	巫毒教施法者所创造的怪物。将僵尸粉撒在尸体上，将死者的灵魂封印，便于施法者驱使。在后世的电影中，常被塑造成有行动能力的尸体。
	霍尔蒙克斯	炼金术士创造的人工生命体。可被收纳在普通尺寸的烧瓶或玻璃瓶中，且无法离开这个制造出自己的容器。天生具有各种知识，也会说人类的语言。

神

雅典娜

关联

■ 埃癸斯　　　➡ P002
■ 奥林匹斯十二神
　~ 希腊神话中的
　诸神 ~　　　➡ P025
■ 宙斯　　　　➡ P048

从宙斯头部诞生的守护女神

【1】指的是居住在奥林匹斯山上的十二位神。一般指的是宙斯、赫拉、雅典娜、阿波罗、阿芙洛狄忒、阿瑞斯、阿耳忒弥斯、迪米特、赫菲斯托斯、赫尔墨斯、波塞冬、赫斯提亚。有时会加上狄俄尼索斯或哈迪斯等。

【2】希腊共和国首都雅典的前身，其中心地区有帕特农神庙。

【3】由于直视美杜莎的眼睛会被石化，为了让珀耳修斯不看到美杜莎的眼睛，雅典娜将一面光滑如镜的盾借给了他。最后，珀耳修斯借着盾的帮助击败了美杜莎。也有的说法认为雅典娜借给珀耳修斯的盾，就是宙斯之盾埃癸斯。

　　雅典娜是主神宙斯与智慧女神墨提斯结合生下的女神，也是奥林匹斯十二神【1】中的一位，司掌智慧、艺术、工艺和战略。希腊神话中有很多神的诞生方式都很诡异，雅典娜就是其中的代表之一。

　　宙斯相信预言，觉得墨提斯所生的孩子会威胁到自己的地位，为消灭怀孕中的墨提斯，直接将她吞下。宙斯以为这样就可以斩断祸根，没想到自此深受头疼之苦。最后他头疼难耐，只好命令儿子赫菲斯托斯将自己的头颅砍开，身披盔甲的雅典娜便从头颅中跳出。而且此时的雅典娜已经是成年状态。

　　继承了双亲血脉的雅典娜，的确成长为勇猛且有智慧的女神。她与同为奥林匹斯十二神之一的波塞冬争夺雅典城【2】的守护权，并最终赢得了胜利。而骄傲的美杜莎说"我的头发比雅典娜还美"，她就施法让美杜莎的头发变成蛇。在英雄珀耳修斯出发击杀美杜莎时，雅典娜又将盾【3】借给他。由此可见雅典娜性格里争强好胜的一面。

跳出

雅典娜

蔓延希腊全国的雅典娜信仰

【4】"帕特农"有"处女"之意。

【5】卫城原指小而高的山丘，是城镇的象征。过去人们依靠地形建造都市的防卫据点，进而建设城防。

希腊全国有众多雅典娜的信徒，就连雅典娜与宙斯的儿子赫菲斯托斯结合生下的厄里克托尼俄斯都是雅典娜的信徒。成为雅典王之后，他用象征雅典娜的橄榄树木制作成雅典娜的雕像，并在全国各地积极举办被称为"泛雅典娜节"的盛大庆典，推广雅典娜的影响力。该庆典规模盛大，分为四年一次的大庆典与每年一次的小庆典，均在 7 月到 8 月间举办，为期四天。庆典中，市长或长老们会带领骑马队、奏乐队等，浩浩荡荡游行到帕特农神庙【4】。

由于雅典娜是希腊人崇拜的对象，所以各地的卫城【5】纷纷为她建设神殿，而其中又以位于雅典卫城的帕特农神庙最为知名。那里祭祀着各种身份的雅典娜：带来胜利的女神雅典娜、带来健康的女神雅典娜、守护城镇的女神雅典娜……

身为雅典城守护者与智慧女神的雅典娜，也许是希腊神话诸神中最受人们爱戴的一位。

女神雅典娜的真面目

与许多战役有关的雅典娜，本身并非好战之辈。她都是为守护和平与秩序而战，目的都在于自卫和保护雅典城。此外，身为智慧女神的雅典娜还会传授各种知识给人们，教他们纺车、风帆的制作和使用方法。而且雅典娜虽是处女之神，但并不仇视男性，遇到有英雄气概的男性时，也会不遗余力相救。

雅典娜

神

天照大御神

关联

■ 三种神器
➡ P042

■ 须佐之男命
➡ P044

■ 三贵神、神世七代 ~ 日本神话的诸神 ~
➡ P071

司掌太阳、照耀大地的女神

【1】日本神话中诸神居住的世界。人类居住的世界则被称为苇原中国。

【2】由稗田阿礼、太安万侣编撰的日本最古老的史书。公元712年（日本和铜五年）献给元明天皇。书中记载了从开天辟地到推古天皇时代的神话与传说。

【3】奈良时代编撰的日本史书。与《古事记》不同，其成书经纬不明，记载的主要是从神代到持统天皇时代的内容。

【4】开天辟地之际出现的十二柱七代诸神之一，是男神。与妻子伊邪那美命一起诞下日本国土与万物诸神。

【5】开天辟地之际出现的十二柱七代诸神中的女神。与丈夫伊邪那岐命一起诞下日本国土与万物诸神。但在生下身为火神的火之迦具土神时遭烧

天照大御神是凌驾于八百万诸神之上的高天原【1】的主宰神明。其名有"照亮天空""在天空闪耀"之意，也被称为太阳神。同时，她是日本皇室的祖神，祭祀于伊势神宫。

根据《古事记》【2】和《日本书纪》【3】中记载的神话，天照大御神大多数情况下被认为是女性，但由于偶尔也会显示出男性的一面，有时也被认为是男性。而天照大御神的男性特质一面，在其与须佐之男命对决的战争中就可以看出。

伊邪那岐命【4】到黄泉之国会见自己的亡妻伊邪那美命【5】，回程时在河边沐浴净身【6】时，生下了天照大御神。当时从他的左眼生出了天照大御神，右眼生出了月读命，鼻子中生出了须佐之男命，之后三人分别统治了高天原、夜世界、海世界。不过须佐之男命由于对伊邪那岐命说"想去伊邪那美命所在的黄泉之国"，被愤怒的伊邪那岐命流放。

伤而亡。与伊邪那岐命在黄泉之国相见后，成为黄泉之国的主神。

【6】以水洗净身体，洗去罪恶与污秽。

之后，为了见到姐姐天照大御神，须佐之男命朝高天原而去。由于他气势汹汹，天照大御神一度以为他是来夺取高天原的。于是天照大御神全副武装，佩戴弓箭，将发髻梳成男子式样，目的就是在狂暴的须佐之男命面前显示自己毫不退缩的主神威严。

显示出女神特性的天岩户神话

【7】出现于日本神话中的岩石洞窟。

从另一个传说中，我们可以看到天照大御神女性的一面，这就是著名的天岩户神话。

须佐之男命在高天原胡作非为，因为他是自己的弟弟，天照大御神最初，一直放任他，后来因为他害得自己的部下殒命，天照大御神一气之下直接躲进了天岩户【7】，不愿出来。这一来，整个世界陷入幽暗，各种险恶的事情不断发生。毫无办法的诸神只好找到了智慧之神思金神商议，寻找对策。

诸神来到天岩户前，先放下了勾玉和八咫镜，又让天宇受卖命开始跳舞。好奇外面发生何事的天照大御神打开天岩户缝隙，天宇受卖命就对她说："比您更尊贵的神明降生了！"而天照大御神看到自己映在八咫镜中的样子，以为那就是新的神明，为了看清楚，她不知不觉打开了天岩户，随即被诸神拉了出来。

因弟弟须佐之男命不听劝诫，就任性躲进天岩户不出来的她，显示出了女神可爱的一面。

与须佐之男命的誓约

这场发生在须佐之男命与天照大御神之间的誓约打赌，是为了证明自身清白，本质与占卜结果定输赢类似。天照大御神拿着须佐之男命给自己的十拳剑，生出了宗像三女神；须佐之男命拿着天照大御神给的勾玉，创造了五柱之神。结果是须佐之男命胜利了，但是整个誓约的过程在神话中描绘得非常模糊，所以我们也无从得知须佐之男命胜利的真正原因。

天照大御神

阿尔斯特传说

~ 凯尔特神话的英雄传说 ~

关联

■ 圆桌骑士
~ 亚瑟王传说 ~
➡ P021

■ 轰击五星
➡ P061

构成凯尔特神话的主题之一

【1】由于爱尔兰与威尔士的传说系统不尽相同，所以分别被称为爱尔兰神话、威尔士神话。

【2】指的是爱尔兰北部，以阿尔斯特为主要背景的故事系列。

【3】爱尔兰神话中，诸神以女神达奴为始祖，鲁格是达南神族中的太阳神。

【4】就是阿尔斯特传说中的《夺牛长征记》，描写的是阿尔斯特与康诺特两国之间长达7年的战争。

【5】传说中，国王或英雄都会对自己施与一定的魔法禁忌予以束缚。比如库丘林的禁忌就是"不吃狗肉""不拒绝布施"等。后来他打破了自己立下的禁忌，因而殒命。

英国的爱尔兰与威尔士传说结合在一起，形成了凯尔特神话【1】。阿尔斯特传说【2】则是凯尔特神话的一部分，经常被引用在游戏或动画等虚构作品中。

阿尔斯特传说包含各种大大小小的故事，不过其中最主要的内容就是描写阿尔斯特的英雄库丘林。

库丘林是光之神鲁格【3】与阿尔斯特国王康纳尔的妹妹黛克泰尔所生的孩子，本名瑟坦特。他由于幼年时杀了铁匠库林的看门狗，于是自愿做库林的看门狗，改名为"库丘林"（库林的猎犬）。

库丘林登场的故事包括：1.遇见影之国的女王斯卡哈；2.与影之国女战士奥伊芙之战；3.与康诺特国女王梅芙之战【4】；4.与儿子康莱的父子对决；5.打破禁忌【5】的库丘林的结局等。其中又以第3个故事最为有名：康诺特国的女王梅芙与其丈夫艾利因为争论谁的财产更多，引发了阿尔斯特与康诺特两国的战争，故事描绘的就是库丘林在战场上的英勇事迹。

阿尔斯特传说中除了库丘林，还有许多极具特色的人物，这里我们就向大家简单介绍其中几位主要人物。

阿尔斯特传说 ~ 凯尔特神话的英雄传说 ~

■ 凯尔特神话阿尔斯特传说中的主要人物

名称	简历
库丘林	可以说是阿尔斯特传说的主人公，半神半人的英雄，由于继承了神的血脉，据说可以变身异形。在影之国遇见斯卡哈后拜她为师，得到了具有魔力的千棘刺之枪。属于赤枝骑士团的一员。在《夺牛长征记》中，一人对战爱尔兰的四个王国；在与梅芙之战中，由于打破了禁忌，最终命丧战场。
康纳尔	优秀且受人爱戴的阿尔斯特国王，既英勇又睿智，同时也是顽强的战士。有预言能力，曾预言过库丘林的儿子康莱来到阿尔斯特时，将带来灾难。
弗格斯	库丘林的养父。可以使用刀身像彩虹一样的魔剑卡拉德波加。曾经也是阿尔斯特的国王，为了成为合格的战士，将王位让给了康纳尔。是气力足以匹敌 700 人的大力士，一顿饭可吃下鹿、猪、牛各 7 头，并喝下 7 樽酒。性欲强，仅有他的妻子女神菲迪斯与情妇梅芙可以满足他。
弗迪亚	库丘林的挚友，二人一同拜斯卡哈为师。阿尔斯特与康诺特两国交战期间，他率领康诺特人参战，在梅芙的命令下与库丘林交战，战败被杀。
斯卡哈	统治影之国的女王，是战士和预言家。其名字就有"影子"之意，是传授库丘林战斗技巧的老师，也教了库丘林如何使用跳跃技法以及如何使用千棘刺之枪。斯卡哈有两个儿子和一个女儿，女儿乌莎哈后嫁与库丘林为妻。
奥伊芙	影之国的女战士，与斯卡哈争夺土地而战，也曾与库丘林交手。战败后，奥伊芙成为库丘林的情妇，为他生下孩子，并与他缔结了三个约定。
康莱	库丘林与奥伊芙所生的孩子。库丘林遵从国王"不得让康莱踏入阿尔斯特"的命令，为此不惜与康莱对战，并杀死对方取得胜利。没想到对方竟然是自己的儿子，库丘林因而悔恨不已。
梅芙	康诺特的女王，其名有"醉人"之意。为了让自己的国家繁荣昌盛，与多名男子发生关系，康纳尔与弗格斯都是其情夫。她擅长驾驶马车和指挥军队，性格好战。此外，她也非常顽强，在阿尔斯特之战中败给库丘林之后，为了复仇不断钻研对策，并最终杀死库丘林。
赤枝骑士团	在阿尔斯特传说中频繁出场的骑士团，性质类似于现在保卫国家的军队。康纳尔在位期间，包括库丘林在内的多位勇士都是该骑士团成员。

阿尔斯特传说 ~ 凯尔特神话的英雄传说 ~

爱尔兰神话的其他英雄

　　爱尔兰神话中，除了上述人物之外，还有许多英雄，如芬恩、迪尔姆德等。他们归属于费奥纳骑士团，都是武艺高强的战士。为守护爱尔兰，他们也勇敢地和侵略者或怪兽战斗，其气势毫不逊色于库丘林。

武器

阿耳忒弥斯之弓

关联

■ 奥林匹斯十二神
　～希腊神话中的
　诸神～
　　　　➡ P025
■ 宙斯
　　　　➡ P048

手握弓箭且喜爱狩猎的月之女神

【1】勒托是泰坦神族的科俄斯与福柏的女儿。勒托的妹妹阿斯忒瑞亚拒绝了宙斯的求爱，愤怒的宙斯遂将她变成海中的小岛。据说勒托就是躲到这个岛上生产的。

提到希腊神话中的射箭高手，最先想到的就是月之女神阿耳忒弥斯。她的弓箭是强大的武器，百发百中。关于这个弓箭有个传说故事，不过在此之前，还是先说说弓箭的主人阿耳忒弥斯吧。

阿耳忒弥斯是太阳神阿波罗的双胞胎姐姐，是象征狩猎与纯真的女神。她的父亲是至高无上的宙斯，母亲是勒托【1】。在勒托生产这对双胞胎时，宙斯的妻子赫拉出于忌妒，百般阻挠。有惊无险，勒托终于还是平安生下了孩子。不过事实上，阿耳忒弥斯比阿波罗早出生，她出生后立即担任了母亲的助产士。因为这个神话，阿耳忒弥斯也被视为孕妇的守护神。

阿耳忒弥斯以嫌恶男性而闻名，因为她曾在宙斯面前立下守贞洁的誓言，同时她也禁止自己的部下沉迷恋爱，破坏规矩者会被变为熊，并遭流放。另外，猎人阿克泰翁因为目睹她裸身沐浴，阿耳忒弥斯愤怒之下把他变成鹿，并让自己的猎犬将其撕裂。

射击！

如此残忍的阿耳

忒弥斯，却非常愿意守护家人，例如在巨人提堤俄斯对母亲勒托施暴时，她联合阿波罗击退了对方。

月之女神引以为傲的无双兵器

【2】升上天际的俄里翁，变成了冬季星座之一的猎户座。

　　司掌狩猎的女神阿耳忒弥斯所持有的强大弓箭，曾引发以下的悲剧。

　　在父亲宙斯面前发誓守贞的阿耳忒弥斯，曾经一度心仪一位男性，那就是海神波塞冬的儿子俄里翁。他有强劲的臂力，手持棍棒就能步行荒山野外，是希腊数一数二的猎人。阿耳忒弥斯与俄里翁愈来愈亲近，大家开始盛传他们将要结婚。但是，阿波罗不允许发誓守贞的姐姐爱上别的男人，企图破坏两人的关系。某次俄里翁在海边，阿波罗故意放出毒蝎，然后要俄里翁赶紧往海里避难。待俄里翁走远到肉眼几乎看不见之处时，阿波罗唤来阿耳忒弥斯，指着犹如沙粒般渺小的俄里翁问她："你可以射中远方的那个猎物吗？"阿耳忒弥斯随即拉弓射箭，果然准确射中，杀死了俄里翁。知道真相后懊悔不已的阿耳忒弥斯，乞求宙斯让俄里翁复活，但宙斯不许，遂将俄甲翁化为星座【2】以抚慰阿耳忒弥斯。

　　没想到射箭百发百中且向来以自己的弓箭为傲的阿耳忒弥斯，却因她的弓箭带来懊悔与永远难以弥补的后果。

阿耳忒弥斯之弓

神话·传说

邪恶之眼

~ 全球的邪恶之眼传说 ~

关联

■ 吉尔伽美什
➡ P032
■ 怪蛇蜥蜴
➡ P054

一眼就能引来灾难的诅咒之眼

【1】美索不达米亚文明诞生的文学作品。公元19世纪在亚述遗迹被发现。史诗的主角吉尔伽美什是公元前2600年左右真实存在过的苏美王朝的国王。故事描写的就是由人类的国王与女神结合生下的半神英雄吉尔伽美什，以自己永恒的生命击退各种怪物和展开冒险的事迹。

与他人联结的各类行为中，最容易被意识到的应该就是"注视"或者"被注视"了。因此，自古以来人类就认为眼睛是寄宿着神奇力量的器官。而邪恶之眼，就是基于这个认知而诞生的民间传说之一。

邪恶之眼又称"邪眼""邪视"，邪恶之眼透过充满恶意的眼神凝视对方，从而达到诅咒对方的目的。这一概念诞生极早，在诞生于公元前2000年左右的世界上最古老的史诗《吉尔伽美什》【1】中，已经有相关的记载。另外，希腊神话和罗马神话里，或是《圣经》与《可兰经》中，都提及了邪恶之眼的相关故事。

人们相信，除了使用巫术的魔女或巫女，其他从事神职人员、刽子手、妓女等特殊职业的人都拥有这一能力。此外，人类以外的蛇、狼等动物，加上天使、恶魔等虚拟形象都有邪恶之眼。

由于出现在诸多的神话和传说故事中，许多现代作品也从中获得灵感，因此诞生了许多拥有邪恶之眼的角色。

邪恶之眼 ~ 全球的邪恶之眼传说 ~

■ 世界各国语言中拥有"邪恶之眼"的表述

标　识	语　言	标　识	语　言
Evil Eye	英语	szemverés	匈牙利语
Boser Blick	德语	deochiu	罗马尼亚语
Mauvais oeil	法语	oculus fascinus	拉丁语
cronachadt	古高卢语	baskania	希腊语
malocchio	意大利语	ania bisha	叙利亚语
gittadura	赛普路斯语	Ayin - haraah	希伯来语
mal de ojo	西班牙语	En Ra	塔木德文字（收录记载了摩西口述事迹的法律文书）
ondt řye	挪威语	ghorum caksuh	梵语
onda ögat	瑞典语	najar	印度古吉拉特语
počarič	斯洛伐克语	ad - gir	苏美语

■ 邪恶之眼的主要传说故事

角色名	传说故事
美杜莎	希腊神话中的怪物。原本是美丽的女神，因惹怒女神雅典娜而被变成了蛇发的骇人模样，眼睛会发出怪异恐怖的光线，看到她眼睛的任何人或动物都会被石化。
怪蛇蜥蜴	欧洲传说故事中出现的怪物。敌人与其视线交汇后会立刻死亡。若用武器攻击，它体内的剧毒则会沿着武器反过来杀死对手。是充满死亡气息的怪物。
鸡身蛇尾怪物	长着蛇尾与四只脚的鸡。身上也长着可以石化对手的邪眼，吐出的气息还可以诱发疫病。与怪蛇蜥蜴类似，经常被视为同类。
巴罗尔	凯尔特神话中巨人族弗莫尔之王，又被称为"邪眼巴罗尔"。只靠凝视即可杀死诸神。他的邪眼平时都闭着，战斗时需由部下掀开眼皮。
沙利叶	传说中的大天使，被认为是邪眼的始祖。被其注视的话，会立刻全身僵硬无法动弹，随后死亡。传说只要写下沙利叶之名作为护身符，即可防护不被各类邪眼攻击。
猿田彦	日本神话中的神，容貌像长着大鼻子的猿猴。据说他的眼睛像巨大的镜子一样闪耀。因其外貌特征，有些人推断日本天狗的传说即是由此演化而来。

衔尾蛇

以衔尾蛇形象征循环不息的宇宙定律

【1】公元前4700年左右至公元前2900年左右的中国新石器时期文化。位于现在河北省至内蒙古自治区境内。红山文化以农业文明为主，但也有狩猎和畜牧。

生物死后，尸体回归大地变成养分，其中的水分蒸发进入大气，然后又化作雨水降落滋润作物，而各类作物又成为其他生物的食粮。生生不息的循环构造是宇宙的规律，而在佛教中则被称为"轮回"。在古希腊时期，人们将此概念用一个图形表示，就是衔尾蛇。

吞噬自己尾巴的龙或者蛇的图腾，其实充满了象征意义，而且这一虚幻的图腾跨越了时代和地域限制，很多文明都用圆环的衔尾蛇形象来表现同一含义：无论是北欧神话中被放逐大海、靠吞噬自己尾巴长成巨蛇的耶梦加得，红山文化【1】古墓中发现的环状龙形工艺品，抑或是古埃及壁画中围绕守护太阳神的蛇，不难发现，地球上各个地域文化中都有类似的图腾，用循环、连锁或围绕的方式表达对安定性的追求。

在化学领域，波恩大学的化学家弗雷德里希·凯库勒用衔尾蛇的形状解释了苯的结构。他梦见一条蛇咬住了自己的尾巴，因而联想到苯的六个碳原子结合成环状。当时他提出苯是三处单键结合和三处双键结合的交互替换结构，现在我们知道，苯的元素结合时所需的 π 电波分布在碳原子上，因而形成了圆环状。像这样，由衔尾蛇带来的启发，也许未来还有机会被运用到各类发明中。

衔尾蛇

■ **衔尾蛇的图腾**

　　无脚的蛇衔住自己的尾巴，从而形成圆环状，用以表现"完整"的概念。即使到了现代，日本物理学家村山斋在思考宇宙时，也用了此衔尾蛇意象。同时它也被用来形容苯环结构：六个六角形互相联系，形成更大的六角形，这个六角形继续相连围绕，就会变成石墨或碳纳米管，而随着六角形的增加，还可以变成强度和安定性更高的各类工业用材。可以说凯库勒的发现是现代制造业技术的福音。

衔尾蛇	苯的分子结构

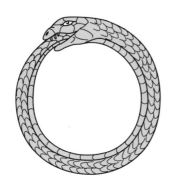

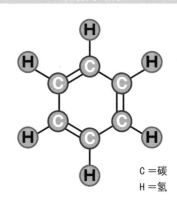

C ＝碳
H ＝氢

COLUMN

堪称近代伟大发现的结论，竟来自一次昏昏欲睡？

　　凯库勒教授究竟有没有梦见过衔尾蛇，终究已不可考。但在凯库勒教授生活的19世纪，衔尾蛇已经是一个已知符号了。从此获得灵感，继而推导解析出苯的化学构造，并非不可能。

　　也许教授从未做过类似的梦，所谓苯的构造与衔尾蛇的圆环相似也只是后来者的穿凿附会，但以衔尾蛇的圆环解释苯的构造，并发表"凯库勒结构"却是颠扑不破的事实。毕竟单

纯突破众所周知的衔尾蛇图腾，将圆环意象应用于化学领域，的确是一件值得赞美之事。而由于发现了碳原子的环状结合性状，后来才有了富勒烯和纳米碳等伟大发明。

　　据说，凯库勒曾梦到过两次衔尾蛇，一次在行驶的马车中，另一次是在写作中的小憩时。换句话说，如果他真的是在梦中找到了灵感，那也是因为他时时刻刻都在思考研究，只有这样才能在昏昏欲睡中得到梦的启示。

衔尾蛇

武器

王者之剑

■ 圆桌骑士
~ 亚瑟王传说
➡ P021
■ 圣剑·魔剑
➡ P046

以圣剑之名广为人知的亚瑟王爱剑

【1】不列颠国王尤瑟王的儿子，出生后就被交给魔法师梅林抚养，于是从皇族沦为平民。不过之后与圆桌骑士结盟，并取得王者之剑，成为留名的传说故事之英雄。

【2】中世纪传说中的知名魔法师。拥有预知未来能力，是亚瑟王的建言者。

　　王者之剑是率领圆桌武士而战的亚瑟王【1】的爱剑。知名度极高，是西方武器中最著名的剑之一。

　　这把剑是由精灵国度阿瓦隆的居民打造而成，据说具有特别的作用。另外，剑鞘的神圣力量能让拥有此剑者的伤口愈合。亚瑟王取得此剑后，击退了侵略祖国不列颠的爱尔兰人、日耳曼人等强敌。

　　那么，亚瑟王究竟是怎么获得如此神剑的呢？《亚瑟王传说》的描述如下。

　　亚瑟原是不列颠国王的儿子，但在出生后不久就从王族沦为平民。命运在他15岁时出现了转折。某日，他在不列颠的教会发现大岩石上插着一把不可思议的剑，传言能拔出石中剑者即是不列颠的国王，长久以来许多骑士前来挑战，终不得其果。没想到，亚瑟轻松拔出了剑。

　　从此，亚瑟成了国王，为守护不列颠而战。不过，他在某次战役中折断了剑，魔法师梅林【2】出手救了身陷险境的亚瑟王。后来徘徊湖畔的亚瑟王遇见了湖中仙女，后者交给他一把剑，也就是王者之剑。

圆桌之夜
圆桌骑士

只有剑像样……

橘子

王者之剑

其实有两把王者之剑?

【3】以拉丁语书写的不列颠伪史书。描写凯撒大帝率领的罗马共和国军侵占不列颠尼亚。由于内容是虚构的,因而并不等同于历史书。

如果湖中仙女拿出的是王者之剑,那么插在大岩石上的剑又是什么? 13世纪的散文故事《梅林传》提到世界上存在着两把神剑。

另外,著于12世纪的《不列颠列王传》【3】,记载着亚瑟王的剑是"Caliburnus",指的是从大岩石拔出的剑,而湖中仙女交给亚瑟的剑,则是断掉后重新打造的Caliburnus。因此,王者之剑Excalibur是"重新打造的Caliburnus"。

关于亚瑟王的传说版本众多,源于不同时代,甚至以不同的语言书写,因此究竟哪个说法为真,已难以判断。唯一可确定的是,亚瑟王因为拥有此剑,才能打赢无数场战役而凌驾于他人之上,成就流传至今的传说。

据说亚瑟王死后,他忠实的属下贝狄威尔将王者之剑归还给了湖中仙女。不过,诸多的故事版本内容不尽相同,真伪已难辨。

王者之剑

圆桌骑士

~亚瑟王传说~

关联

■ 阿瓦隆
➡ P003

■ 王者之剑
➡ P019

传说中犹如国王手足的骑士们

【1】相传是公元5至6世纪的不列颠国王，成功击退了撒克逊人的侵略。

【2】15世纪的英格兰人。总结整合了零散的亚瑟王故事，写下长篇的《亚瑟王之死》，描写亚瑟王的诞生到死亡。

在描写骑士们练武、战斗或恋爱等主题的骑士故事文学作品中，最为有名的要算是《亚瑟王传说》。故事主角是不列颠传说中的国王亚瑟【1】，以及与他并肩作战或冒险的骑士们。

《亚瑟王传说》归纳了欧洲古代传说、民间传说或口述故事等，起初并没有所谓的文本。15世纪，托马斯·马洛礼【2】总结了诸多零散故事，写下《亚瑟王之死》，这算是亚瑟王系列故事的代表作。

在亚瑟王系列故事中，圆桌骑士指的是随侍亚瑟王的骑士们。亚瑟王居住的卡美洛城堡放置着巨大的圆桌，骑士们经常围坐在圆桌前与亚瑟王商议事务，因而得名圆桌骑士。圆桌骑士的人数因文献而异，《亚瑟王之死》中记载的骑士多达300人，但很多骑士甚至连名字都没有透露。一般而言，这些骑士中有10～15名是有名字的。由于是圆桌，因此无上下位之区别，圆桌象征平等，也就是说骑士们的身份是平等的。另外，能坐在圆桌前也显示其拥有优异的功绩，毕竟席次有限，因此"圆桌骑士"也意味着精英。

圆桌骑士·亚瑟王传说·

■ 亚瑟王与主要的圆桌骑士们

姓名	关于人物的评价
亚瑟	不列颠国王尤瑟王的儿子。由于拔出了可以证明是不列颠国王的石中剑，因此成为国王。率领圆桌骑士们统一不列颠，之后因其王后桂妮维亚与兰斯洛特偷情，造成骑士团的分裂，亚瑟王在内战受伤身亡。
兰斯洛特	是班国王的儿子，由湖中仙女的精灵养育长大。是圆桌骑士中最英勇的一位，堪称武术与品格兼备的完美骑士。因与亚瑟王的王后桂妮维亚私通，引发骑士团的分裂，也造成国家的内战。
高文	亚瑟同母异父姐姐的儿子。是圆桌骑士中最勇猛的战士，深受亚瑟王的信赖。日升至正午时，可以发挥出比平时强大三倍的力量。
凯	亚瑟的义兄（也有的文献写的是义弟）。在古老的传说中，他因拥有强大的魔力，即使身负不可治疗的重伤也可不休息持续作战九天。在中世纪以后的故事中，则变成少根筋的好人。
特里斯坦	康沃尔国王的外甥。曾与兰斯洛特比赛骑马。原是其他传说故事中的人物，后来被纳入亚瑟王故事系列，因此关于他的情节有时会出现前后难以自圆其说的情况。
贝狄威尔	负责亚瑟王的饮食。在古老的传说中，他以单手的力量即可击败多名骑士，是不屈不挠的骑士。不过在中世纪以后的故事中，他并未显得特别英勇。亚瑟王死后，他负责将王者之剑归还给湖中仙女的精灵。
亚格拉宾	高文爵士的弟弟。怀疑兰斯洛特与桂妮维亚私通，遭到兰斯洛特的反击而遭杀害。被视为人品卑劣的骑士，不过可能是因其与受欢迎的兰斯洛特敌对，才获得如此的评价。
格西雷斯	高文爵士的弟弟，犹如哥哥的随从。桂妮维亚与兰斯洛特私通而即将遭受处刑之际，与弟弟加雷斯守住刑场，但兰斯洛特为救出桂妮维亚，误杀了格西雷斯。
加雷斯	高文爵士的弟弟，是个纯真且英勇的年轻骑士，深受高文爵士与兰斯洛特的喜爱。与哥哥格西雷斯驻守桂妮维亚的刑场时，遭兰斯洛特的误杀。据说两兄弟非常尊敬兰斯洛特，所以并未拿出武器对抗。
达戈尼特	虽然不是特别英勇，但机灵又富幽默感，深受贵妇人们的喜爱。与特里斯坦尤其友好，两人携手留下许多冒险的故事。
莫德雷德	是亚瑟王与同母异父姐姐生下的孩子。魔法师梅林预言他会灭亡国家。长大后的莫德雷德企图趁亚瑟王不在时谋反，导致亚瑟王受致命伤，而他自己也遭到讨伐。
加拉哈德	据说是兰斯洛特的儿子，为了成为圆桌骑士，突破重重试炼，因而被称为"最伟大的骑士"。之后成功完成找寻圣杯的任务。拥有纯洁的灵魂，因而获得上帝宠召。
鲍斯	与加拉哈德、珀西瓦尔一同寻找圣杯，并成功完成任务。当兰斯洛特与亚瑟王对立之际，他选择站在兰斯洛特这边，并出击致使亚瑟王落马。
珀西瓦尔	是圆桌骑士一员的贝里诺克的儿子。也是掷枪的高手，能掷枪击中空中飞翔的鸟。与加拉哈德、鲍斯完成找寻圣杯的任务，但不久即追随加拉哈德蒙上帝恩召。

圆桌骑士～亚瑟王传说～

神

奥丁

关联

■ 诸神的黄昏
~北欧神话的世界与诸神~
➡ P079

■ 洛基
➡ P086

■ 女武神
➡ P088

北欧神话中的单眼主神

【1】日耳曼民族的传统神话。挪威、丹麦等国家由于受基督教影响较晚，保留了很多不同的传说故事，这些传说一起构建了北欧神话体系。

【2】北欧神话的故事背景分为天上、地上与地下三部分，而贯穿这三部分的是巨大的世界树。天上有阿萨神族的阿斯加德、华纳神族的华纳海姆、光之精灵的亚尔夫海姆。地上分为人类居住的中庭、霜巨人居住的约顿海姆、火焰巨人居住的穆斯贝尔海姆、矮人居住的瓦特阿尔海姆。地下是雾之国尼福尔海姆、死之国海姆冥界，一共九个国度。

【3】日耳曼民族所使用的文字。在动漫或小说作品中总给人留下神秘的印象，但实际上是日常用的文字。

奥丁是北欧神话【1】中司掌魔法、智慧、战争与死亡的主神，是诸神中最年长者，与妻子弗丽嘉生下巴德尔，与巨人族生下索尔，可以说是众神之父。外形是蓄着灰色胡须、独眼的老人，戴着宽边帽，披着蓝色的斗篷，居住在位于阿斯加德的英灵殿，从他的王座可以看到全世界。

奥丁为求拥有魔法，将自己的一只眼睛献给巨人密米尔，得以饮下世界树【2】根部的智慧泉——密米尔泉水。另外，奥丁发现了卢恩文字【3】，因而被称为智慧之神。不过他身为神却尽做些荒诞之事。当时他以矛插刺身体，并倒吊在世界树长达九天。从这些轶事中，不难看出过去北欧的人们视知识为宝物。

与奥丁有关的故事，最广为人所知的是他拥有具有法力的永恒之枪。这把枪取世界树的树枝为握柄，刀尖刻有卢恩文字，投掷向敌人后必然会自动返回。另外，奥丁还有八只脚的坐骑——天马斯雷普尼

脚缠住，
不能走了。

奥丁

尔，这个名字有"滑行者"之意。这匹马不仅能在陆地上奔跑，还能去天际、海洋或是冥界。

预见诸神的黄昏依旧无法改变命运

【4】诸神与敌对者展开的最后战争。当时一年到头是寒冷的冬季，持续了三年。奥丁率领诸神的军队与敌对的洛基和霜巨人族发生激战，最后双方皆灭亡。拥有预知能力的奥丁虽然知道自己将遭受巨狼芬尼尔的吞噬，以及诸神的结局，终难以逆转命运。世界随着火焰巨人史尔特尔燃烧殆尽，不过最后浮现出崭新的陆地。存活的数位神祇与人类就此开创新世界。

好奇心旺盛的奥丁，不断追求魔法与知识的精进，终于拥有预知能力。他看到了诸神黄昏【4】，众神灭亡。从此，他命令思维与记忆两只乌鸦去搜集世界的讯息，而自己则坐在王座监视世界。另外，他也派遣女武神们去人间召集勇敢战死的战士灵魂，因此奥丁也被视为司掌战争与死亡之神。

为了诸神黄昏做出种种准备的奥丁，终究无法改变命运。战争的紊乱造成天摇地动，引发与诸神对立的巨人族展开攻击。奥丁率先与巨人族而战，但他和坐骑斯雷普尼尔都被巨狼芬尼尔吞噬。最后就连已经预知一切的奥丁，也难以翻转既定的命运。

奥丁召集的狂战士们

奥丁召集的战士们又称"英灵战士"。最终之战时，他们犹如野蛮疯狂的狗或狼般，不佩戴盔甲即赴战场，不知恐惧也不知痛苦，呈现"狂战士"的兴奋状态。在奇幻小说或RPG游戏中经常出现的狂战士，就是源自奥丁的英灵战士。

神话·传说

奥林匹斯十二神

~希腊神话中的诸神~

关联

■ 雅典娜 ➡ P007

■ 宙斯 ➡ P048

■ 赫拉克勒斯 ➡ P067

以主神宙斯为首的尊贵神族

【1】以盖亚与乌拉诺斯为祖先的神族。第一任国王是乌拉诺斯，第二任是克洛诺斯。当时乌拉诺斯怀疑自己的孩子们企图谋夺皇位，于是对孩子们施以各种残酷的折磨，没想到最后真的遭到孩子们的反叛。

所谓的奥林匹斯十二神，是指希腊神话中以宙斯为首的神族。既是十二神，换言之也是十二柱，由于哈迪斯、赫斯提亚或狄俄尼索斯也在文献内，所以有时不止有十二神，而是十四神。

他们皆拥有特别的能力、稀有的才能，在诸神的世界担负核心的责任。不过，原本担任这项重责的是泰坦神族【1】诸神。

泰坦神族是由原始混沌之神卡俄斯诞生的大地母神盖亚、天神乌拉诺斯为首的神族，本来是他们统治世界。但是，乌拉诺斯败给自己的儿子克洛诺斯，而克洛诺斯又败给自己的儿子宙斯，最后由宙斯掌管世界。与自己的祖父和父亲不同，宙斯将这份神族的荣光一直延续到神话的终了。

握有世界霸权的宙斯，与乌拉诺斯或克洛诺斯一样，他们与女神或人类结合，生下许多孩子。宙斯诸多的孩子中最优秀者立下诸多功绩，所以与其他诸神并称奥林匹斯十二神。

下页将介绍包含奥林匹斯十二神在内的希腊神话诸神。

奥林匹斯十二神 ~希腊神话中的诸神~

■ 希腊神话主要诸神

名字	简历
雅典娜	宙斯与智慧之神墨提斯所生的孩子。生下时已长大成人，司掌智慧、艺术、工艺、战术，深受人们信仰。
阿芙洛狄忒	司掌性爱与繁殖的女神。有一说认为她是宙斯与狄俄涅的孩子，又有一说认为她诞生自乌拉诺斯的阳具。
阿波罗	宙斯与勒托的孩子，与阿耳忒弥斯是双胞胎。是司掌医疗之神，同时也是传递父亲宙斯旨意的预言之神。
阿耳忒弥斯	宙斯与勒托的孩子，是司掌狩猎与贞洁的女神。传说她协助自己的母亲勒托生产，因此也是孕妇们的守护神。
阿瑞斯	战争、兵变、杀戮与暴乱之神，他的双亲是宙斯与赫拉，极度好战，常显露出残酷无情的一面，与其他神祇相较，他难以获得人们的敬仰。
乌拉诺斯	司掌大地之母盖亚创造出的天空，因为把自己的孩子囚禁在大地深处，引发盖亚的愤怒，之后败给了与盖亚所生的克洛诺斯。
厄洛斯	司掌恋爱与性爱之神。关于其身世有诸多传说，有一说认为是原始混沌之神卡俄斯创造出来的，还有一说认为是阿瑞斯与阿芙洛狄忒的孩子。
盖亚	是卡俄斯生的大地女神，另外还生了乌拉诺斯、独眼巨人或百臂巨人。此外，她也创造了大海与山峦。
卡俄斯	出现于神话的原始神，据说生了盖亚、塔尔塔洛斯、厄洛斯。卡俄斯仅出现在神话最初，因而有诸多不明之处。
克洛诺斯	乌拉诺斯与盖亚的孩子，篡夺了父亲的王位。可以令大地生产出丰硕的果实，因而被视为农耕之神。
宙斯	位居希腊神话诸神的最上位，是率领奥林匹斯十二神的主神，在兄弟波塞冬与哈迪斯等的协助下，篡夺父亲克洛诺斯的王位。
狄俄尼索斯	是宙斯与人类塞墨勒的孩子。其名字有"诞生二次者"之意。据说是他教导人们种植葡萄和酿制葡萄酒。
德墨忒耳	是盖亚的女儿女神瑞亚与克洛诺斯的孩子，被视为谷物女神。之后又与其兄弟宙斯生下珀耳塞福涅。
哈迪斯	克洛诺斯与瑞亚的孩子，相当于宙斯与波塞冬的哥哥。与宙斯等三人抽签平分世界，抽到冥界，遂成为统治冥界的冥王。
普罗米修斯	传授人类使用火的技能，被视为人类的守护者。是泰坦神族的智者，很早就察觉同胞的落败，因而转向奥林匹斯神族。
赫斯提亚	是克洛诺斯与瑞亚的孩子，被视为炉灶女神与家庭的守护神。由于站在守护家庭主妇的这一边，因而深受女性的信仰。
赫菲斯托斯	司掌锻造的神，诸神所持的武器或防护用具几乎都由他制造。有一说认为他是宙斯与赫拉的孩子，另一说认为他是赫拉独自生下的孩子。
赫拉	司掌婚姻的神，是宙斯的姐姐，也是他的妻子。与好色的宙斯不同，她终生忠诚于自己的丈夫，被认为是极度忠贞的女性。
赫拉克勒斯	是宙斯与人类阿尔克墨涅所生的半人半神男性。在完成十二项任务后丧命，被宙斯召入天庭，终于成为神。
珀耳塞福涅	宙斯与德墨忒耳的女儿，是哈迪斯的妻子，冥府的王后。起初讨厌丈夫哈迪斯，后来才逐渐打开心房，最后却因丈夫的外遇而被激怒。
赫尔墨斯	是旅行者、行商人、强盗的守护神。在神话中他也常是诸神的传话者。父亲是宙斯，母亲是迈亚。尽管是宙斯情人所生的孩子，却深受赫拉的疼爱。
波塞冬	宙斯的手足，是司掌大海的神。在奥林匹斯十二神中的地位仅次于宙斯。

续表

名字	简历
墨提斯	是盖亚与乌拉诺斯的孩子欧开诺斯、忒堤斯所生的孩子，之后成为宙斯的情人，产下奥林匹斯十二神的雅典娜。
勒托	阿耳忒弥斯与阿波罗的母亲。因赫拉的阻挠，开始寻找生产的安全地，路途中也衍生出了种种的传说故事。

※红字是奥林匹斯十二神。通常纳入的是雅典娜、阿芙洛狄忒、阿波罗、阿耳忒弥斯、阿瑞斯、宙斯、德墨忒耳、赫斯提亚、赫菲斯托斯、赫拉、赫尔墨斯、波塞冬。

■ 希腊神话诸神谱系

神话中最初登场的是原始神卡俄斯，由他诞生大地女神盖亚、地狱的塔尔塔洛斯、厄洛斯。

卡俄斯

厄洛斯

盖亚 — 婚姻 — 乌拉诺斯

其他的泰坦神族

欧开诺斯 — 婚姻 — 忒堤斯

科卡俄斯 — 婚姻 — 福柏

克利俄斯

伊阿珀托斯 — 婚姻 — 克琉美娜

欧律诺墨

墨提斯

堤堤丝

勒托

阿斯忒里亚

阿德雷斯

墨诺堤欧斯

普罗米修斯

厄比墨透斯

奥林匹斯十二神

波塞冬 — 婚姻 — 安菲特里忒

哈迪斯

奥林匹斯十二神 赫斯提亚

奥林匹斯十二神 德墨忒耳

奥林匹斯十二神 宙斯 — 婚姻 — 赫拉 奥林匹斯十二神

崔坦

艾伦比亚

奥林匹斯十二神 阿瑞斯

艾莉西雅

赫伯

奥林匹斯十二神~希腊神话中的诸神~

028

■ 宙斯的情妇与孩子们

在这里列举的家族表仅是与宙斯发生关系的"部分"女性，以及她们的孩子们。

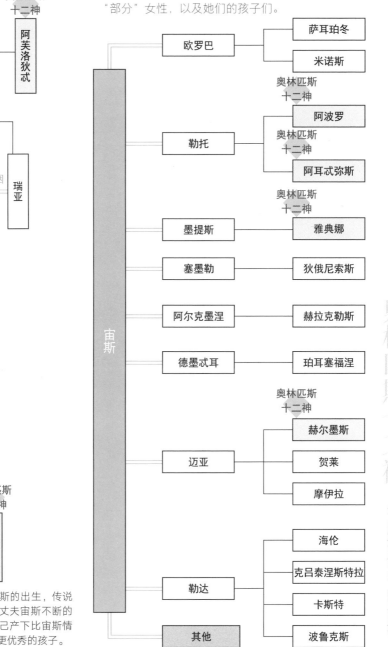

关于赫菲斯托斯的出生，传说是赫拉为报复丈夫宙斯不断的外遇，决定自己产下比宙斯情人所生的孩子更优秀的孩子。

幻兽·妖怪

关联

■宙斯
➡ P048
■帕加索斯
➡ P066

奇美拉

出现于希腊神话的复合生物

【1】荷马创作的史诗，主要讲述的是特洛伊战争。

【2】厄喀德那的上半身是美丽的女性，下半身则是蛇。她与堤福俄斯生下了奇美拉、刻耳柏洛斯、俄耳托斯等。泰坦战役中堤福俄斯战败，被封印在爱特纳山。厄喀德那又与儿子俄耳托斯再婚，生下了遭斯芬克斯、赫拉克勒斯消灭的涅墨亚狮子与拉冬。

奇美拉是出现于希腊神话的怪物。身体是狮子，背上长着山羊的头，尾巴则是蛇的头。有关其外貌众说纷纭，总而言之就是多种生物的结合体。它模样狰狞，口吐火焰，脚程速度快，拥有怪异力量。一般认为奇美拉是雌性，那是因为豢养它的阿米索达罗斯经常唤它"女儿"。

据说奇美拉最初出现在古希腊诗人荷马的《伊利亚特》【1】中，其中记载着"身体的前部是狮子，中间是山羊，后部是蛇，不属于人类而是神族"。事实上，奇美拉的双亲是巨人族的堤福俄斯与厄喀德那【2】。堤福俄斯与至高无上的神宙斯一样，继承了乌拉诺斯与盖亚的血缘，换言之两人是亲戚关系。照此谱系，堤福俄斯的孩子奇美拉当然也应被列入神族。

奇美拉栖息于吕基亚的火山地带，专门做些侵袭人们的坏事。忧心的国王遂派遣英雄柏勒洛丰讨伐奇美拉。他由于有天马帕加索斯，可以在天空飞翔，顺利攻击

还不死心……

那是我的情书！！

奇美拉

了不能飞的奇美拉。奇美拉也不甘示弱吐出火焰对战。最后奇美拉因刺枪刀尖带有铅，在火焰的燃烧下融化流入口中，窒息而死。于是，神话里样貌最奇特的怪物终于被消灭。

奇美拉带有复数的含义

在中世纪的动物寓言中，奇美拉被描绘为"淫欲"或"恶魔"等。另外，奇美拉有时也被引申为"女性"。12世纪的诗人马尔波特以奇美拉作为评鉴娼妓的标准，他如此描述："尽管有着优雅的打扮，只要张开狮子的嘴，爱欲的火焰即吞噬了男人们。"因此，属于多种生物综合体的奇美拉，其多貌性也被用来隐喻那些"外表可爱清纯，实际充满算计"、狡猾、表里不一的女性。

同时，奇美拉也象征"爱情"，因为狮子"对恋爱对象抱持强烈冲动"，山羊能"成就稳定的爱情"，蛇则代表"失望或悔恨"。再者，其奇妙的外观，据说也意味着"不易理解的梦"。

追溯奇美拉的起源

奇美拉栖息的吕基亚火山地带，据说山顶有狮子，山腰有山羊，山脚下有蛇。由此看来，所谓的奇美拉，也许是将火山予以怪物化的结果。像这样的历史传说使土地以生物的样子呈现，而且多半将其描绘为骇人的样貌，说不定这正是奇美拉传说的起源。

奇美拉

神话·传说

吉尔伽美什

关 联

■ 邪恶之眼
～全球的邪恶之眼传说～
➡ P015

获得良友而从暴君成为英明君主

【1】《吉尔伽美什》是美索不达米亚神话中最受欢迎、最长的故事。

【2】司掌丰饶的女神，又称为"宁胡尔萨格"或"宁多"。在天神的命令下，造出了恩奇都。

吉尔伽美什是美索不达米亚神话《吉尔伽美什》【1】的主角，该故事以公元前2600年左右的乌鲁克第一王朝的国王为故事原型。他原本是罔顾百姓的暴君，之后蜕变为优秀的统治者，王朝历久长达近126年。至于蜕变的契机，是他获得了良友。

吉尔伽美什是女神宁苏与人类的孩子，诸神赐予了他完美的躯体，因而他带有三分之二的神族血统，是半神半人。具备了强韧体魄与罕见臂力的吉尔伽美什，年轻时仗恃自己傲人的能力，百般折磨百姓。受不了痛苦的百姓求助于神，于是女神阿鲁鲁【2】以黏土造出恩奇都战士，让吉尔伽美什与他相遇。

吉尔伽美什接受恩奇都的挑战，不过恩奇都终究是神之作，不可能会输给吉尔伽美什。两人的对决持续良久，一直分不出胜负，最后，吉尔伽美什因领悟了自己并非绝对的存在，从此学会谦虚，并与恩奇都和解，两人后来成为终生的挚友。

我是乌龟

吉尔伽美什

神创造的野人恩奇都

【3】爱神伊什塔尔迷恋吉尔伽美什的英姿，向吉尔伽美什告白求爱，却遭到了拒绝，被激怒的伊什塔尔遂将天牛放逐到乌鲁克，任其杀害居民。吉尔伽美什与恩奇都无法坐视不管，随即迎战。最后两人消灭了天牛，但是天牛是诸神的所有物，因而必须接受惩罚。

为了让暴君吉尔伽美什懂得谦虚，神以黏土造出野人恩奇都。起初他全身是毛，智能仅能达到动物的程度，并与野兽们奔驰于荒野。带领恩奇都走向吉尔伽美什的是一位女性。

某个认识恩奇都的猎人，有一天带了一名娼妓到恩奇都面前。恩奇都深受魅惑，一连七天六夜与那女人做爱。某次他在追逐动物时，察觉自己的脚力衰退。原来是做爱发泄了他过剩的精力，使他顿失野性，从野人变为人类。转变后的恩奇都在那女人的恣患下前往乌鲁克，然后与吉尔伽美什展开对峙，最后变成挚友。

之后，两人历经种种冒险，甚至因杀害天牛【3】而遭到诸神的惩罚，神赐予恩奇都病死的结局。此时，恩奇都开始诅咒让他变为人类的那个娼妓，太阳神沙玛什训斥："你是因为她，才能得到吉尔伽美什这个朋友啊。"听闻此，恩奇都想起两人共同冒险的日子，终于安息。据说为了悼念他的死，吉尔伽美什的悲鸣声响彻了全国。

吉尔伽美什

武器

草薙剑

关联

■ 天照大御神
➡ P009
■ 三种神器
➡ P042
■ 须佐之男命
➡ P044

须佐之男命取得的天丛云剑

【1】在出云国，肥之河（斐伊川）上游的鸟发经常出没一种怪物，有八个头，八条尾巴，能横跨八个低谷和八座高峰，据说体型十分巨大，每年一次到村落吃年轻女孩。

又称草薙剑的天丛云剑，是三种神器之一。曾经偷看过此剑的僧侣说，此剑长约二尺八寸（约85cm），剑身像菖蒲的叶子。

草薙剑，原名是天丛云剑，其由来得从须佐之男命如何取得此剑说起。粗暴性格的须佐之男命被逐出高天原，流落到苇原中国。来到出云的须佐之男命，消灭了祸乱当地的八岐大蛇【1】。当时须佐之男命灌醉八岐大蛇，趁它睡着之际以拳剑斩断，但剑仿佛撞击到硬物，竟也断裂了。须佐之男命觉得不可思议，察看八岐大蛇的尾巴，从那里竟冒出一把剑。因为八岐大蛇的头上总是罩着云，须佐之男命故将此剑命名为天丛云剑，并献给天照大御神。从此，此剑变成神之物。

天照大御神又将此剑传给她的孙子，也就是统治地上的迩迩艺命，于是草薙剑再度回归人世间，与八咫镜一同保存在皇宫。

之后宫中的天丛云剑又被转移到伊势神宫，并随着倭建

痛快！

【2】倭建命对东国十二道展开镇压。东征成功，但在归途，倭建命于尾张病倒。初代的武神天皇也展开过东征，称神武东征。

命的东征【2】，在骏河的草原遭遇火攻。倭建命取出天丛云剑斩断附近的草，火燃烧那些草，他才得以顺着火势逃走。从那之后，倭建命即称天丛云剑为斩草的"草薙剑"。

不过也有一说认为草薙剑的名字取自谐音，"草"的日语谐音是"臭的"，"薙"的日语谐音有"蛇"的含义，意指来自凶猛的蛇体内的剑，故名为草薙剑。

外观和所在皆不明的草薙剑

【3】公元1126—1185年。是平清盛的正室，平清盛死后，平时子成了平家的精神支柱。但是，坛之浦之战战败，她抱着安德天皇投海自杀。

据说草薙剑现在保存于热田神宫，但有人认为那是伪品，所以正确的安置处众说纷纭。

有一说认为，在灭亡平家的坛之浦之战，真品已随平时子【3】沉入海底。另外还有一说认为，人们以为宫中仪式所使用的草薙剑是复制品，但其实是真品。或也有传言，为了保护草薙剑不受空袭，第二次世界大战期间被放入柜子里到处迁移。既然剑实际存在，终究能辨其真假，问题是根本少有人亲眼看过该剑。

如此扑朔迷离的草薙剑，根据推测应该是铁制的剑。在以青铜器为主的时代，铁制剑堪称神剑。不过毕竟只是推测。尽管日本的草薙剑如此知名，且长存于人们的心中，事实上却是把充满谜团的剑。

草薙剑

幻兽、妖怪

关联

■ 亚人
➡ P004
■ 克苏鲁神话
➡ P185

食尸鬼

在游戏中常指亡灵，而在传说故事中则是恶灵

【1】无灵魂的亡灵，被称为"鬼怪""活死人"的怪物。

【2】集结阿拉伯半岛盛传的民间故事的《一千零一夜》（也叫《天方夜谭》）故事中出现过多位食尸鬼。其中有类似日本妖怪"两嘴女"的怪物，与人类结婚后因被告知真实身份，所以突袭人类。

食尸鬼是一种怪物，是已经死掉的尸体或灵魂怪物化后的亡灵（不死之身）【1】。在不同的奇幻作品中，特征也不同，不过大多拥有"红色的眼睛""怪兽般锐利的牙齿与爪子"，无体毛。食尸鬼喜食尸体，常徘徊于坟场或战场物色作为食粮的尸体。有时，食尸鬼也被描写成突袭活人的狰狞模样。近年的奇幻作品，尤其常见此特质的食尸鬼。原本食尸鬼是伊朗或伊拉克等中东地区自古流传的魔物【2】，不是亡灵，而是一种"精灵"。不过"喜食人肉"的特性与后来的奇幻作品无太大差异。男性食尸鬼有浓厚体毛，肤色黑，手脚尖如驴子的蹄，样貌丑陋；女性食尸鬼与男性截然不同，异常美丽，也不同于奇幻作品里的怪物化食尸鬼。传说故事中的食尸鬼，具变身能力，可以化为鬣狗或人类，混入人类社会，目的是捕食猎物。而且，食尸鬼会利用其美色引诱男人，待来到人烟稀少处再吃掉对方，可说是具有智慧的魔物。

另外，民间传说也有"食尸鬼养育人类的孩子"的故事，被食尸鬼养育长大的女孩后来还变成王妃。从这类的故事看来，食尸鬼也并非皆与人类为敌。而后在中东地区扩展的伊斯兰教，其传说中也出现过食尸鬼，不过是以此比喻盗贼或骗子等坏人。

近年奇幻作品中的食尸鬼

克苏鲁神话确立了近年来食尸鬼的形象，而给奇幻作品带来莫大影响的则是角色扮演游戏《龙与地下城》【3】。克苏鲁神话里的食尸鬼，有着"像犬类的头"与"像橡胶般具弹性的皮肤"，类似亚人，有着蹄似的脚与钩爪。居住在都市的地下，喜食尸体，有时会袭击人类。说话声音急促，仿佛在哭。另外，被食尸鬼抚养长大的人类，也会变成食尸鬼。

再者，最初将食尸鬼定义为"亡灵怪物"的作品是《龙与地下城》。在作品中的特征是，记得人肉味道的人类死后变成了食尸鬼，为了啃食尸肉袭击人类，样貌也延续了在传说故事中的形象。遭食尸鬼攻击会出现麻痹（或生病）症状，此特性也经常出现于其他奇幻作品中。

吸血鬼 = 僵尸？

与食尸鬼相似，在奇幻作品与传说故事中的形象截然不同的，还有吸血鬼。原本流传于东欧的吸血鬼，是"被埋葬的尸体"，会起身袭击人类，与现在的僵尸无异。到19世纪的小说中，则变成"喜食人类血液的贵族"，并且从此成为经典。

食尸鬼

武器

千棘刺之枪

关联

■ 阿尔斯特传说
~ 凯尔特神话的
英雄传说 ~
➡ P011
■ 轰击五星
➡ P061

"以脚投掷"的魔枪

【1】凯尔特神话中最具实力的半神半人英雄。平时是美男子，一旦激动，就会变成"七个瞳孔""手脚各有七根指头"的异形。

【2】与枪尖方向相反的倒刺。犹如捕鱼常用的鱼叉或鱼钩：利用倒刺将鱼钩住，使之难以挣脱。

【3】影之国的女王，也是库丘林的老师。库丘林在她的指导下经历了严酷的训练，除了极高的跳跃技法外，她还传授了库丘林使用千棘刺之枪的技法，以及种种心法。

【4】突起或有凹槽的棒状机器，以此可牵引矛枪的握柄处，然后利用机器射击矛枪。

千棘刺之枪，是构成凯尔特神话的诸多故事中的《阿尔斯特传说》中最强的英雄库丘林【1】所拥有的矛枪。关于其特征的资料稀少，不过据说是以海中怪物的骨头制成，因此非常重。另外，有资料指出枪尖带着"钩子"【2】，形状犹如现在的鱼叉。原是女战士斯卡哈【3】所有，之后她将其传给徒弟库丘林，并成为他钟爱的武器。

神话里的千棘刺之枪，是具有魔法的武器。以此枪刺杀敌人，对方的体内会绽开30处伤口，所以一刺就能让敌人身负重伤。若以掷枪方式使用，发射出去的千棘刺之枪会射出无数的刺箭，一次击退敌方军团。不过，投掷时要"以脚趾夹住千棘刺之枪，再以腿之力踢出"。换言之，必须像足球运动里的射门。若以手投掷矛枪，通常会使用射击器【4】，所以的确是非比寻常的投掷方式。

由于是极强大的武器，库丘林平时使用的是一般的剑或枪，只有在遭遇强敌或面

临众多敌军之必要时刻才会拿出它。而被千棘刺之枪攻击的敌人则必死无疑，虽然也受到持枪主人强大能力的影响，但其更为人称道的是，这把魔枪一击毙命的杀伤力。

千棘刺之枪有诅咒之能力?

【5】凯尔特神话的英雄皆设下对自己的"制约"。严守禁忌才能得到诸神的祝福，触犯了则将遭受莫大灾难。库丘林设下的禁忌有"不吃狗肉""不违逆诗人的忠言""不得拒绝与比自己身份低贱者共餐"。由于他中了敌人的圈套，误食狗肉，结果半身麻痹。

库丘林以千棘刺之枪击溃诸多强敌，其中也包含他生命中最重要的人。也就是在影之国接受训练时的挚友佛迪亚德，以及未曾谋面的儿子康莱。无论是何场战役，都非库丘林所愿，但他为了侍奉的君主，也为了身为战士的责任，终究还是以千棘刺之枪夺走挚爱的性命。挚友与儿子都死在自己的手中，想必库丘林的心理复杂难以言喻。

最后，这把魔枪甚至夺走了他的性命。他误中敌国女王梅芙的阴谋，触犯自己的禁忌【5】，千棘刺之枪遭敌人夺走，他终被自己的爱枪贯穿而死。故事中并未提及千棘刺之枪具有诅咒之魔力，不过由此看来，似乎也具备让拥有者走向毁灭之命运的力量。

仅能在水中使用?

在解说千棘刺之枪的资料中，有"仅能在水中使用"的说明。事实上，包括千棘刺之枪主人库丘林的丧命处，千棘刺之枪出现的场所皆是海中或浅滩等近海处。活动受限，且必须在水中使用，的确是非常不可思议的武器，也许与其采用海中怪物的骨头制成有关。

千棘刺之枪

幻兽、妖怪

刻耳柏洛斯

关联

■奥林匹斯十二神
～希腊神话中的
诸神～
➡ P025
■奇美拉
➡ P030
■赫拉克勒斯
➡ P067

冥界入口的看门犬

【1】希腊神话的冥界之神，有时也被纳入为奥林匹斯十二神。

【2】最后赫拉克勒斯制伏了革律翁、俄耳托斯与刻耳柏洛斯。

以前人们养狗常常是为了守护防盗，如今这样的看门犬已经很少见了。看门犬也屡屡出现于神话故事里。希腊神话里冥界入口的刻耳柏洛斯，应该是神话世界里最知名的看门犬。由于其知名度，举凡奇幻作品里提及重要入口，都会出现这样看守入口的怪物。

刻耳柏洛斯是堤福俄斯与厄喀德那生下的怪物孩子，特征是"三个头""尾巴是蛇""口吐火焰"。但是，在公元前7世纪的希腊诗人赫希俄德的《神谱》中，刻耳柏洛斯变成50个头，而且还会发出敲击青铜的声音。

身为统治冥界的哈迪斯【1】的忠实看门犬，刻耳柏洛斯的工作是监视守卫冥界入口。尽管对死者是友善的，但对企图逃脱冥界者、未经许可企图进入冥界者，皆毫不宽容地残酷啃食。再者，由于有三个头，所以可以轮流睡觉休息，以保持不间断的监视，任谁都难以从它的眼前溜走。

看起来
好好吃喔

那个危险的
口水！！

刻耳柏洛斯

刻耳柏洛斯还有个双头犬的兄弟俄耳托斯【2】，它是怪物革律翁饲养的牛群看守犬。

意外？被击败的刻耳柏洛斯

【3】强大的英雄。陷于女神赫拉的阴谋，杀死了自己的妻子，为赎罪而挑战十二项任务。

【4】发生于现在土耳其西北方的特洛伊与希腊间的战争。诸神也加入战争，并分为特洛伊派与希腊派，最后希腊派胜利，特洛伊遭到灭亡。

刻耳柏洛斯这般优秀的看门犬，在希腊神话中的英雄赫拉克勒斯【3】面前却无用武之地。赫拉克勒斯为了赎罪，挑战十二项任务，最后的试炼就是活捉刻耳柏洛斯。统治冥界的哈迪斯列出"不得使用武器"的条件，赫拉克勒斯依约定未使用武器，却使用了魔力，让刻耳柏洛斯屈服。随着赫拉克勒斯来到地上的刻耳柏洛斯，被阳光惊吓得吠叫不已，传说它飞溅出的口沫带有剧毒，因而诞生名为毛茛的植物。

在神话里，因机智或神的帮助击败刻耳柏洛斯的人物也不在少数。首先，是诗人同时是竖琴高手的奥菲斯，他将爱妻从冥界带返人间时，就弹奏竖琴迷惑了刻耳柏洛斯。另外，特洛伊战争【4】的英雄伊尼亚斯，在女巫的指示下让刻耳柏洛斯吃下有催眠剂的饼干。还有与爱神厄罗斯结婚的赛姬，为挽回丈夫的爱，不惜前往冥界，以面包讨好刻耳柏洛斯。

狗与地狱的关系

与刻耳柏洛斯有关，某些地区把狗与"地狱""死亡"联系在一起。冰岛等北欧地区流传的神话中，也出现了名叫"加姆"的看门犬。加姆与刻耳柏洛斯一样，也守护冥界的大门。另外，埃及神话的阿努比斯、中美洲阿兹特克神话的修洛特尔，也都是拥有狗的头部、司掌死亡与冥界的神。

刻耳柏洛斯

神话·传说

三种神器

关 联

■ 草薙剑
➡ P034

■ 须佐之男命
➡ P044

■ 三贵神、神世七代
~ 日本神话的诸神 ~
➡ P071

自神话时代流传至今的三项至宝

【1】这类象征王权的宝物，英语称为"regalia"。

【2】皇帝所使用的印鉴。三国时代的袁术甚至因为拥有玉玺而自立为皇帝。

【3】是一把"锐利且清澈的剑"。沙特阿拉伯官方宗教伊斯兰教"瓦哈比派"之始祖瓦哈比，当时势力延伸到阿拉伯半岛时，将此剑赐予建立沙特阿拉伯王国的"沙特家族"以示为结盟的证据。

代表日本的天皇家族，为证明其天皇的正统血脉传承，世代传承着"草薙剑""八尺琼勾玉"以及"八咫镜"（别名"真经津镜"）三件宝物。其起源得回溯到神话时代，天照大御神的孙子迩迩艺命，为统治地上而降临人间，"天孙降临"之际，天照大御神赐予了天皇家这些宝物。

这些宝物被认为真实存在，草薙剑保管于爱知县名古屋的热田神宫，八咫镜在三重县伊势市的伊势神宫，八尺琼勾玉在皇居。有人认为其中的草薙剑与八咫镜，其实是复制品，而皇居也有剑与镜的复制品，被视为神像般留存安置。这三种神器的取用需要非常小心，一般人根本不可能目睹，就算仪式也不使用实物，而是复制品。

不仅在日本，欧洲也有诸多"王冠""王杖""珠宝"等象征王权的继承宝物【1】。以前的中国，历代王朝也以玉玺【2】作为皇权的证明。另外，中东的沙特阿拉伯，则以"圣剑"【3】象征王权，并代代相传。

■ 三种神器

八咫镜

八尺琼勾玉

巨大的连环花纹镜

昭和四十年于福冈县平原古迹出土的连环花纹镜，直径46.5cm，圆周146cm，与八咫（1咫=约18cm）的尺寸略同。因此，八咫镜应该就是类似的镜子。

绿色的大型勾玉

《魏志倭人传》与《古事记》有诸多相同的描述。基于此，人们认为八尺琼勾玉应类似新潟县鱼川市附近发现的翡翠大勾玉，也类似在《魏志倭人传》里出现的"孔青大勾玉"。

草薙剑

以铁打造的剑

拥有诸多谜团的草薙剑，据推测应是铁制的剑。依见过的人之证词，竹节或握柄处如鱼背骨，韩国也出土了类似的铁制剑。

■ 关于神器的传承与现在

神器	传承或轶事	关于神器的现在
草薙剑	草薙剑又称"天丛云剑"。关于其典故，遭诸神驱逐的须佐之男命来到人间，受托攻击八岐大蛇。于是他趁其酒醉之际，成功斩断其尾巴，却从那里冒出一把剑。由于八岐大蛇头顶始终笼罩着云，故须佐之男命将剑命名为"天丛云剑"，并献给神。	真品祭祀在爱知县名古屋市热田区的热田神宫，其复制品则祭祀于宫中三殿。据说公元 668 年此剑遭窃，犯人最终遭到逮捕，之后真品就保管于宫中。
八咫镜	须佐之男命在天界犯下诸多暴行，自责的天照大御神遂闭居天岩户。当时得以将她引诱而出的是八咫镜。因为外面的诸神叫嚷："这里竟还有比你优秀的神啊！"天照大御神好奇打开门，竟看到一位神圣的女神。不知道镜中映照的就是自己，她为了看个清楚，不知不觉走出天岩户。	八咫镜是三种神器中最受重视的，现祭祀于皇居内的宫中三殿。不过据说那是复制品，真品保管于三重县伊势市的伊势神宫。
八尺琼勾玉	八尺琼勾玉是天照大御神隐身天岩户之际制作的。尽管与草薙剑、八咫镜同被列为神器，却无令人印象深刻的相关故事。"八尺"，会让人联想到大型的勾玉，不过也有人认为那指的不是尺寸，而是制作的数量。其实，与八尺琼勾玉类似的勾玉在其他各处也曾发掘出土，所以并非空穴来风。	与其他的神器一样，八尺琼勾玉也祭祀在宫中三殿。据说剑在坛之浦之战中沉入海中，但勾玉连同箱子浮出了海面，故现在的确为真品。

神

须佐之男命

关联

■天照大御神
　➡ P009
■三种神器
　➡ P042
■三贵神、神世七代
　～日本神话的诸神～
　➡ P071

从任性的孩子蜕变为英雄之神

【1】是伊邪那岐命诞生的诸神中最尊贵的三柱神，另外两位是天照大御神与月读命。

【2】须佐之男命的儿子，或是其子孙，与其他的神一同掌管着苇原中国。

【3】须佐之男命与天照大御神以占卜论胜负，须佐之男命的剑与天照大御神的珠玉交换，碾碎之际诞生了诸神，由此以证明须佐之男命的清白。

须佐之男命是三贵神【1】之一，父亲伊邪那岐命从黄泉之国返回途中，在洗去秽气时，从鼻子诞生了他。日本神话，是从三贵神的诞生说起，直到大国主【2】创造国土，所以说须佐之男命是故事的男主角也不为过。

伊邪那岐命考虑将世界分为三等份，分别让优秀的三个孩子掌管，并命令须佐之男命统治海原。但是他拒绝父亲，一意想去母亲所在的黄泉之国，激怒父亲，遂遭驱逐。而这般不像神祇的行为，也是须佐之男命神话的开始。

须佐之男命在前往黄泉之国前，欲前往姐姐天照大御神统治的高天原。但是，天照大御神错以为他欲进攻，于是武装等候。

须佐之男命为证明自己的清白，遂起了誓约【3】，才获准进入高天原。

但是，须佐之男命开始暴虐闹事。或许是誓约的助长，让他松懈显露出原本粗暴的性格，祸害田地，玷污神殿，

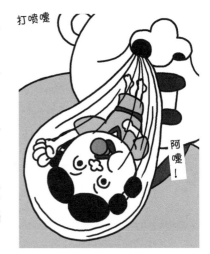

打喷嚏

阿嚏！

須佐之男命

任意胡作非为。因为他的胡闹，天照大御神的属下天衣织女甚至丧命。心痛的太阳神天照大御神躲进了天岩户，世界瞬间陷入阴暗……如此严峻的局势，诸神只好设下巧计，天照大御神才终于走出天岩户，世界又恢复了光明，而须佐之男命也被诸神赶出了高天原。

成为强大英雄的须佐之男命

【4】稻田女神。是八名姊妹中最小的一位，她的姐姐们最终都成了八岐大蛇的祭品。

被赶出高天原，来到地上苇原中国的须佐之男命，在此彻底改变了性格。他去到出云，当地有八个头的大蛇妖怪八岐大蛇，栉名田比卖【4】将成为妖怪的祭品，于是须佐之男命拜见其父母，表示愿意制服妖怪。

他准备了烈酒，让八岐大蛇喝醉，并且将栉名田比卖变成发梳，藏在发中，伺机等待。果然，八岐大蛇喝醉沉睡，须佐之男命立刻拔剑斩断妖怪，成功歼灭对方。就在此时，八岐大蛇的尾巴中出现了草薙剑。

而后，非常喜欢出云的须佐之男命，与栉名田比卖结为夫妻，建设宫殿，成为出云的统治者。当时须佐之男命还咏诵了日本最初的和歌。

何谓八岐大蛇

自古以来，日本传说中的水与蛇有着极深的关联。水神经常以蛇的姿态出现，蛇有时也是水神的使者，而河川有时也以蛇作为比喻。所以有人认为须佐之男命制服的八岐大蛇，是被比喻为多头蛇的河川。自岛根县东部注入鸟取县的斐伊川，自古以来就是洪水泛滥的河川，人们遂将如此狂暴的河川妖怪化，这或许即是八岐大蛇的由来。

须佐之男命

武器

圣剑 · 魔剑

关联

■ 王者之剑
➡ P019
■ 草薙剑
➡ P034
■ 烈焰之剑
➡ P084

拥有神秘力量的剑

【1】出自《魔戒》作者约翰·罗纳德·瑞尔·托尔金遗稿之《精灵宝钻》。是以受诅咒的陨铁打造而成的剑，持有者图林的亲友和许多无辜者都死在这把剑下，就连图林也被这把剑所杀。

【2】"永恒战士"是英国作家麦克·穆考克的魔幻小说。拥有这把剑的是主角艾尔瑞克。原本体弱多病的他，用此剑即可吸取被刺杀身亡的敌人之魂魄，借此获得能量，才能操弄此剑。

　　无论东西方，世界各地的神话传说中，总会出现拥有超自然力量或拥有神秘渊源的武器。就以王者之剑的"剑"来说，剑一直以来都是神话故事的主角或英雄必备的武器，就连在幻想类作品中也经常出现极具杀伤力的剑。

　　近年来，这些剑统称为圣剑或魔剑。有"神的护持""神秘之由来"的都属于圣剑，而"带有恶魔试炼等负面要素""对拥有者带来某种负面效果"的则是魔剑，两者并无明确之区别，有时即使无邪恶之由来或效果，依然可能被纳入魔剑范畴。

　　一方面，纵观神话传说的世界，由妖精锻炼制成的王者之剑、打倒巨龙的格拉墨皆属由来神秘或有神秘效果的圣剑，反而少有具邪恶性质的魔剑。仅有极少数的例外，像是北欧神话的提尔锋或达因斯莱瓦。

　　另一方面，在幻想类作品中，《精灵宝钻》里的安格拉赫尔剑【1】或"永恒战士"系列小说里的兴风者【2】等，则类似魔剑。总体来说，人们对魔剑的印象，多半还是受到近年来的奇幻作品之影响。

圣剑·魔剑

■ 世界的圣剑与魔剑

圣枪 《基督教世界的七勇士》	基督教的圣乔治是知名的"屠龙英雄",他屠龙时使用的就是这把剑。原本的传说故事中并没有相关内容,相关内容到17世纪的故事中才出现,可说是后人的穿凿附会。
白色火枪 《玛纳斯》	出现于中亚吉尔吉斯族的史诗《玛纳斯》。英雄玛纳斯挥舞此剑时,刀身可以延伸,砍斩距离较远的敌人,放置在草堆里还能起火燃烧。
无毁的湖光 《罕普敦郡的毕维士》	出现于14世纪的创作诗里的名剑。诗中提到是圆桌骑士之一的兰斯洛特屠火龙时所使用的剑。不过更久远的传说中并未提到兰斯洛特。
王者之剑 英国	出于亚瑟王传说的圣剑,是由湖中仙女锻炼制成,再交给亚瑟王。详细可参照王者之剑。
卡拉德波加 凯尔特神话	凯尔特神话中英雄弗格斯的佩剑。据说拥有强大力量,一挥即斩断三座小山丘的山顶。
干将、莫邪 中国古代传说	所谓的干将、莫邪,是指春秋战国时期干将、莫邪夫妇锻制的剑。有一说,干将制造此名剑时,炉灶温度不足,遂剪去莫邪的头发丢入炉中,温度瞬间上升,终造出这对名剑。
草薙剑 日本神话	须佐之男命制服八岐大蛇时,从八岐大蛇尾巴显现的剑。
格拉墨 北欧神话	北欧神话的英雄齐格飞持有的剑。原本是他父亲齐格蒙所拥有,随着他的死去断成碎片。后来由齐格飞的养父重新锻制,并取名格拉墨。齐格飞把此剑当成宝藏,并以此剑制服巨龙法夫纳。
咎瓦尤斯 查理曼传奇	法国皇帝查理曼大帝所有。据说刀身一天内可以闪耀30种不同的光辉,刀柄处甚至嵌入部分的圣枪。
达因斯莱瓦 北欧神话	是一把充满魔力的剑,一旦出鞘,必须见人血,否则收不回鞘内。为丹麦国王所拥有,他在交涉和平之际,制不住其魔性,终于拔剑,最后爆发战争。
提尔锋 北欧神话	奥丁的后裔斯瓦弗尔拉梅王威胁矮人制造的剑。矮人于是诅咒"只要拔出此剑必死一人,第三次就是自我毁灭"。果然,最后斯瓦弗尔拉梅王死于剑下。
杜兰朵 查理曼传奇	法国国王查理曼大帝的外甥、勇将罗兰的爱剑。无论如何砍斩、弯曲,都无损刀刃。据说刀柄中一共置入四件圣遗物。
拿各的戒指 《狄德雷克传说》	现在的德国附近传说之英雄故事,主角狄德雷克所拥有的名剑。其锐利与坚固令初次使用的狄德雷克赞不绝口。
布都御魂 日本神话	建御雷神平定苇原中国时所使用的灵剑。据说可以治退暴乱之神。另外,神武天皇东征之际,身中敌人之毒而陷入危机时,剑的灵力治愈了神武天皇,神武天皇终于击败敌军。
应答者 凯尔特神话	可以贯穿任何盔甲的魔法之剑。海神玛纳诺交给光之神鲁格的,鲁格与弗莫尔族的战役中,就是持这把剑,最后他所属的达奴神族赢得胜利。
赤原猎犬 《贝奥武夫》	英格兰的温佛特家族传承的名剑。以血与毒涂抹刀刃锻炼而成。据说拥有此剑者,即能从战场的各种灾难中全身而退。英雄贝奥武夫以此剑对付水魔,可是最后却完全无用武之地。
烈焰之剑 北欧神话	在北欧神话中,被称为"灾难的魔障",据说是唯一可以杀死世界树里的雄鸡之武器。由狡猾的洛基打造而成,再交给女巨人辛玛拉慎重封印保存。

神

宙斯

关联

■ 奥林匹斯十二神
~ 希腊神话中的
诸神 ~
➡ P025
■ 赫拉克勒斯
➡ P067

奥林匹斯十二大神中的一柱

【1】乌拉诺斯与盖亚所生的最小的孩子，他以"金刚石的镰刀"为武器，斩断乌拉诺斯的阳具，成为最高地位的神。同时，克洛诺斯也被视为"时间之神"。

【2】是希腊神话中自然或地形之精灵的总称。全都是女性，有树木的仙女，也有山谷的仙女。

宙斯是农耕之神克洛诺斯【1】与瑞亚的儿子。他是奥林匹斯十二神之一，也是统治天界的全知全能之神。他拥有呼风唤雨之能力，可以唤来雨或雪，在战斗方面，以闪电作为武器。与其他诸神相较显得相当优秀，最后夺取了父亲的王位。

原本统治世界的是宙斯的祖父天空之神乌拉诺斯。不过，他遭到亲生儿子克洛诺斯阉割，被驱逐出王国，所以对克洛诺斯留下预言，"你将来也必定遭到自己的儿子篡夺王位"。害怕不已的克洛诺斯，遂吞噬自己的孩子们，以断绝后患。克洛诺斯的妻子瑞亚难以忍受丈夫的残忍，听从大地女神盖亚的建议，以石头替换第六个孩子。那个孩子终于逃过灾难，也就是后来统治天界的宙斯。他在克里特岛由仙女【2】们抚养长大，并从盖亚处取得呕吐剂让克洛诺斯

看看是雷喔~

啊

宙斯

喝下，成功救出父亲体内的兄弟哈迪斯与波塞冬。他们联手向克洛诺斯宣战，两军势均力敌，战争持续不断，不过最后宙斯的奥林匹斯神族获胜，成为新的统治者。

最具实力的宙斯统治天界，波塞冬统治海界，哈迪斯统治冥界，由此形成新的体制，然而此际，原本协助宙斯的盖亚起身反抗【3】。诸神杀不死的巨灵不断折磨诸神，但最后仍遭到宙斯制服，从此盖亚不再反抗宙斯。

【3】原本盖亚鼓励她的孩子们协助宙斯作战，但最后宙斯把盖亚的孩子们囚禁在地下世界。此事激怒了盖亚，盖亚遂意图推翻奥林匹斯神族。

好色的宙斯

身为奥林匹斯神族之首的宙斯却也是好色之徒。不顾正室赫拉，无论是女神、仙女、人类，只要是他喜欢的皆占为己有，其中有的是在对方不知情之下，强暴而令对方怀孕。

正室赫拉司掌婚姻，当然难以容忍丈夫有外遇。尽管宙斯拼命保护情人及其孩子们，但他们有时还是难逃赫拉的迫害。因此，成为宙斯的情人，也等于宣告走向不幸的未来。宙斯与情人所生的孩子们也非常优秀，例如赫拉克勒斯或珀耳修斯【4】。

【4】宙斯与达娜厄所生的孩子，以制伏能石化人类的怪物美杜莎而闻名。

好色之徒不只有宙斯

希腊神话中，宙斯的好色颇为知名，但其实其他的神和英雄也不遑多让。海神波塞冬就是不输宙斯的好色之徒，因而也有诸多孩子。另外，锻冶之神赫菲斯托斯已拥有妻子阿芙洛狄忒，却依然向雅典娜求婚，而遭拒绝。这些主要的神中，哈迪斯对妻子珀耳塞福涅一往情深，传令之神赫尔墨斯丝毫不受女色诱惑，这样的情况十分少见。

宙斯

幻兽·妖怪

杜拉罕

弥留之际出现的无头妖精

【1】杜拉罕的别名是"Ganceann"，这是爱尔兰语，有"无头"之意。

杜拉罕是爱尔兰流传的妖精，是前来通知死亡的使者，因而是人们恐惧的对象。近年来的奇幻作品将杜拉罕描绘为无头骑士或是死后又复活的"不死之怪物"，已与原来的模样不尽相同。

传说里的杜拉罕【1】与奇幻作品中描述的一样，皆是无头，头被捧在腋下，然后骑乘无头的马或骑由无头马牵引的、放置着棺材的"寂静马车"，当他突然现身街头，停在某户人家门口时，即预言该户人家将有亡者。此时若有人打开房门，杜拉罕会将一盆血泼向那个人。

另外也流传，只要击退杜拉罕即可挽救将死之人的性命，但具体的方法不得而知。据说，在路上遇见杜拉罕时也有避开他的方法。由于寂静马车无法在水上行走，因此只要避走到跨越河川的桥上，杜拉罕就不敢追来了。

咦？
头呢？
拿着了

再者，杜拉罕极度讨厌被人看见，所以会追赶目睹者，据说只要他挥动手上的鞭子，就足以让目睹者失明。因此，他会对着开门者泼洒血液，或许也是因为讨厌被人看见自己的模样吧！

哭着报死讯的妖精"班西"

【2】在近年的奇幻作品中，与杜拉罕一样也被设定为"不死之怪物"。

流传着杜拉罕传说的爱尔兰，还有关于妖精"班西"【2】的传说故事。这位妖精也是"向人类宣告死讯"的妖精，既具有相同的特征，又传承自同一国。

班西是有着红色眼睛的女性，长发，穿着绿衣，披着灰斗篷，头上罩着薄纱。她通报死讯的方式是哭泣。她会在树下哭泣，或边拍手边走边哭泣，听到她的哭声，就知道有人将死。据说那哭泣声会召唤所有的生物一同发出惊人的鸣叫声，熟睡的人们都会被吓醒。

也有传说，认为班西是与"无头马牵引的棺木黑马车一同出现"，由此似乎说明杜拉罕与班西可能是同一人物。

《沉睡谷传说》中的无头骑士

小说《沉睡谷传说》※中也出现了像杜拉罕的怪物。那是独立战争时被斩首而亡的骑士之幽灵，深夜骑着马疾驶在美国的沉睡谷。就这些特征看来，无头骑士与亡灵非常近似于近年来奇幻作品中的杜拉罕形象，看来大家深受此小说的影响。

※收录在美国作家华盛顿·欧文于公元1820年发表的短篇集《见闻札记》。此作品也被翻拍为电影或电视影集。

杜拉罕

幻兽·妖怪

关联

■ 怪蛇蜥蝎
➡ P054

巨龙

西方文化中被定性为坏蛋角色的巨龙

【1】作家约翰·罗纳德·瑞尔·托尔金所写的奇幻小说。

【2】喜爱收集宝物，平时就睡在它收集的宝物之上，在原本是弱点的柔软腹部镶入这些宝石，形成坚固的护盾。

奇幻作品中不可缺少的就是巨龙。其典型的样貌，像是鳄鱼或蜥蝎，并有着貌似蝙蝠的羽翼。具有防御力的坚固鳞片、粗壮的手臂、尖锐的爪或牙都是攻击时的武器，同时还能口吐火焰等，让冒险者吃足苦头，而且它们多半比人类还聪明机智。

出现于《魔戒》【1】中的"史矛革"【2】是守护宝物的巨龙，《龙与地下城》也出现了诸多的巨龙，这些作品给近年来的动漫等带来莫大影响，进而衍生创造出更崭新的巨龙形象。

不过，神话传说世界中的巨龙，其实相当复杂，也难以说明清楚。所谓的巨龙是"不同的民族，或居住于不同地域的人们，将本地不同的爬虫进行神格化或怪物化，从而产生的独特怪兽"。世界各地流传的龙之传说都可依此解释说明。普遍说来，西方的龙貌似长有羽翼的蜥蝎，而日本或中国的龙则带有蛇的躯体，至于其由来，东西方则完全不同。

西方的巨龙，几乎是与人类敌对，在多数的故事中皆扮演被神或英雄治

【3】出自北欧神话。原本是矮人，为争夺黄金杀害兄弟，霸占黄金，最后变成了巨龙。

服的坏蛋。《贝奥武夫》里的火龙，还有北欧传说故事中英雄齐格飞制伏的法夫纳【3】，都是知名的"守护宝藏，被英雄制服的巨龙"。在基督教中，巨龙甚至被视为恶魔，也衍生出了诸多圣人制伏巨龙的传说。此外，巨龙也是"强大""勇猛"的象征，经常成为骑士或贵族的徽章图腾，所以也不单纯是"负面的存在"。

相像却截然不同的东方龙

【4】背上长着如雄鹰一样翅膀的龙。是龙中最高位者，可以控制水。传说中黄河就是应龙所造。

【5】《西游记》中将大海分为东西南北，而东西南北各有负责统治的龙王，被称为"四海龙王"。"东海龙王"正如其名，是统治东海的龙王，也是四海龙王之首。

东方的龙，源于中国而后传至日本及亚洲其他各个国家和地区。一般说来，龙是神圣的，也被视为神的使者，如中国皇帝的容颜称"龙颜"，姿态称"龙影"，宝座称"龙座"等。

在中国，其实有些龙也极具人性化。如应龙【4】与怪物大军对战，因此身上带有太多邪气，无法回到天界。或是，出现于《西游记》的东海龙王【5】，他受到孙悟空的要挟，而把如意金箍棒交给孙悟空。

何谓"巨龙"？

虽说是巨龙，但模样形态各式各样，俄罗斯、中国等地还流传着爬虫类与人类特征结合形成的"龙人"。神话传说里出现的"巨大的蛇""多头蛇"，有时也被比喻为巨龙。对有些人来说，把蛇"巨龙化"也许是比较容易接受的事。所以究竟何谓巨龙，其实是因人而异的。

巨龙

幻兽·妖怪

关联

■ 巨龙

➡ P052

怪蛇蜥蜴

以石化与毒液威胁人类

【1】公元77年完成，共37卷。书中除了相信怪蛇蜥蜴是真实存在的生物外，还记述了矿物、地理学、天文学等各种知识，成为日后知识分子的爱书。

怪蛇蜥蜴，是将栖息于非洲利比亚东部的一种蜥蜴怪物化的产物。其名称源自希腊语的"君王"之意，据说是因为怪蛇蜥蜴的头上有着如王冠的突起物。

记载关于此怪物的著名资料是古罗马学者老普林尼的《博物志》【1】。根据其描述，怪蛇蜥蜴是体长30cm以下的小型蜥蜴，头上有着如王冠一般的印记，身体经常保持直立前进的姿势。另外，它的体液有剧毒，有些人骑马刺杀怪蛇蜥蜴，结果刺枪沾染上剧毒，最后人与马都中毒身亡。除了剧毒之外，听说它还具有石化目睹者之魔力。的确，它喷吐出的毒液，可以杀死正在飞翔的鸟，或许正因如此，后世穿凿附会，认为它具有魔力。

怪蛇蜥蜴留下了诸多的故事，而且多半是凶恶的，甚至有传说怪蛇蜥蜴创造了沙漠。据说最初怪蛇蜥蜴栖息之地并非沙漠，但被它看到的岩石都粉碎了，它呼出的气含有剧毒，因而让草木枯竭，最后变成了沙漠。衍生出这般的故事情节，也说明怪蛇蜥蜴是令人害怕的生物。

怪蛇蜥蜴

幻兽·妖怪

关联

■利维坦
➡ P083

巴哈姆特

不是巨龙而是鱼

【1】又名《阿拉伯之夜》。收集了流传于阿拉伯半岛的故事，内容是一名叫舍哈拉查德的女子每晚说一个故事。

　　最近，巴哈姆特以"强大的巨龙"而闻名。这一设定源自美国的角色扮演游戏《龙与地下城》，里面的巴哈姆特是闪耀着银白色、口吐光芒的巨龙。近年来的游戏，巴哈姆特也多以这样的形象现身。

　　然而事实上，巴哈姆特原本并不是巨龙。它是出现在犹太教或伊斯兰教故事中的妖怪。巴哈姆特是伊斯兰教里的称呼，在犹太教的《圣经·旧约》中则被称为"地心巨兽"。

　　伊斯兰教故事里的巴哈姆特，是生存在深不可测的海洋里的巨大"鱼类"。其巨大的程度甚至超过了这个世界。伊斯兰教认为，天使支撑着大地，岩山支撑着天使，巨大的公牛支撑着岩山，巴哈姆特则支撑着公牛。巴哈姆特底下还有支撑者——巨大的蛇支撑起所有的一切。

　　巴哈姆特也出现于《一千零一夜》【1】，根据故事描述，伊撒（伊斯兰教中指耶稣）目睹巴哈姆特，因其模样巨

啊！

有苹果

大胃王

哇啊

巴哈姆特

大饱受震惊而昏倒，昏迷三天终于醒来，然而巨大的巴哈姆特竟还未完全从眼前经过。据说它绽放着让人无法直视的光芒，关于这个特征，《龙与地下城》可以说是按照传说忠实地呈现出了巴哈姆特的模样。

名称不同本质相同的"地心巨兽"

【2】19世纪法国的西蒙·科兰所著的以迷信、恶魔为主要内容的书。书中内容虽欠缺考据，但在当时却因内容充实而备受好评，甚至增印到第六版，并附上M.L.Breton的插画，深刻影响着后世对恶魔外观的既定观念。

如前述，犹太教和基督教的教典《圣经·旧约》中，巴哈姆特也被称为"地心巨兽"。与巴哈姆特不同的是，它是栖息于陆地的生物，是上帝创造的生物，拥有惊人的体型，有着如杉木的尾巴、金属般的骨骼、巨大的腹部，貌似河马或犀牛。原本与利维坦同是栖息于海洋的生物，但海水满溢出来，上帝只得把它归到陆地。据说世界末日时，"地心巨兽"与利维坦对决，战胜者可以吃下苟活的人类。

《圣经·旧约》所描绘的"地心巨兽"，是巨大且性格温厚的生物。不过随着时代变迁，教义逐渐修正，"地心巨兽"竟变成了恶魔。尽管性格依旧温厚，但食欲大，一旦暴怒谁也无法阻止。在《地狱辞典》【2】中，它被描绘为象头与凸肚。

巴哈姆特与"地心巨兽"

原本相同的巴哈姆特与地心巨兽，在奇幻作品中则是截然不同的生物。在奇幻作品中，巴哈姆特是强大的巨龙，而地心巨兽则是有着四只角的怪兽。两者可以同时出现，恐怕也只有在奇幻作品中了。

巴哈姆特

神话·传说

巴别塔

傲慢的人类妄图建造的通往神界的高塔

【1】此书中的巴别塔，接续在诺亚方舟之后的第11章。

【2】诺亚的子孙之一，是古实的儿子。是猎人，也是都市的统治者。关于建造塔的目的，除了夸耀之外，也有一说是认为宁录企图进攻诸神的世界。

巴别塔是出现于《圣经·旧约》的《创世记》[1]中的高塔。这个塔由诺亚子孙宁录[2]与巴比伦人建造，地点在古美索不达米亚的巴比伦，目的是挑战与反抗神。

根据《创世记》，大洪水之后，诺亚的子孙不断繁衍，他们舍石砌、采砖瓦建造建筑物。由于拥有崭新的技术，于是突发奇想要打造一座通往天堂的高塔，以炫耀自己的能力。他们的傲慢激怒了上帝，上帝遂混乱原本全世界共通的语言。人类从此无法无碍沟通，合作体制随之崩解，最终不能建造完成高塔。

因此，当人们遇到难以实现的梦想或亵渎上帝的情况时，都会举出巴别塔的故事。关于巴别塔这个名称的语源，基于上帝混乱人类语言之原意，所以应该是出自希伯来语的"混乱"。

巴别塔

神话·传说

潘多拉的盒子

关联

■ 奥林匹斯十二神
　～希腊神话中的
　诸神～
　　➡ P025
■ 宙斯
　　➡ P048

收纳世界灾厄的神秘盒子

【1】是火神，也是人类的守护神。他不忍见到人类害怕野兽或不敌严寒，遂从天界盗火，传授给人类。也因为如此遭宙斯惩罚，三万年间不断重复体验活生生被大鹰啄食肝脏的痛苦。

潘多拉的盒子是"收藏了这世间所有灾难"的盒子。名称源自希腊神话中的潘多拉。她是诸神创造的第一位女性人类，诸神为报复人类，让她带着不可思议的盒子来到人间。

至于潘多拉的诞生，是因为普罗米修斯【1】从天界盗火，传授给人类。宙斯为之震怒，于是命令诸神创造一名"女人"。赫菲斯托斯取泥巴捏造了"潘多拉"，其他诸神也赋予她工作的能力、魅惑男人的魅力、狡猾的心。最后宙斯交给她一个神秘的盒子，并将潘多拉送给普罗米修斯的弟弟厄比墨透斯。

厄比墨透斯不听从哥哥的忠告"不要接受宙斯的礼物"，执意与潘多拉结婚。终于有一天，潘多拉耐不住好奇心打开盒子，灾难（疾病或犯罪等）散布人间。潘多拉打开盒子之际，据说还有一物留在盒子里，究竟是何物众说纷纭，有人认为是不让人类绝望并使人类得以生存下去的"希望"。不过也有人认为，宙斯故意把灾难之一的希望留在盒中，如此人类才能怀抱永难实现的希望活着。

潘多拉的盒子

幻兽·妖怪

关联

■ 不老不死传说
➡ P062

菲尼克斯

浴火重生的神秘之鸟

【1】公元前485—公元前420年，古希腊历史学家。其著作《历史》是基于希罗多德的所见所闻创作，有人认为也包含非事实的部分。

【2】古希腊的太阳神赫利俄斯之神殿，据说在爱琴海的罗德斯岛。该地现在是希腊的领地，不过根据希罗多德的记载，当时属埃及的领地。

菲尼克斯又被称为"火鸟"或"不死之鸟"，是不断重生的奇幻生物。有人相信菲尼克斯是实际存在的生物，例如希腊历史学家希罗多德【1】在《历史》一书中就提到过。根据其描述，菲尼克斯"有着金色与红色的羽毛，像鹫"，其希腊语的名字带有"红紫色"之意。

菲尼克斯的寿命有500年之久，死后又会有新的躯体，尸体则被运送到赫利俄斯神殿【2】。平时人们不会轻易见到菲尼克斯，仅有此时人们才能看见。

来到罗马时代，于公元1世纪问世的《博物志》中也提到菲尼克斯。据说它的脖子周围带有金黄色羽毛，身体是紫色的，尾巴是蓝绿色的，与《历史》的描述不尽相同。关于重生的方式，则详细记载着"死前它会收集各种香料带回巢穴，在骨髓里蔓延的蛆中又长出毛，变成崭新的菲尼克斯"。尽管方式怪诞，不过从死去的躯体诞生出崭新的躯体，却与一般认知的菲尼克斯相同。

呜呜——

悲伤

呼

菲尼克斯温泉

菲尼克斯

同时期罗马学者波尼乌斯·梅拉在《世界地理》中提到："近来的菲尼克斯，被烧死在堆满香木的薪柴上，分解的身体流出液体，随着凝固又生出崭新的菲尼克斯。"此说法较接近现在我们所知的"浴火重生"。

从埃及到欧洲，再到基督教

据说菲尼克斯的原型是埃及神话中的贝努鸟，此鸟带有灰色掺杂着白色与蓝绿色的羽毛，寿命长达500年之久。据说，即使它被烧死在树中也仍能复活，再度唱出美妙的歌声。有人认为，贝努鸟的传说后来传至欧洲，于是衍生出菲尼克斯。

随着时间的推移和基督教在欧洲的盛行，菲尼克斯渐渐与同样拥有"复活"概念的基督教融合，被视为基督复活的象征，并广泛运用于祈祷书、动物寓言、诗篇等，而且又进一步成为基督教的象征物，祭坛或彩绘玻璃等教会装饰上，经常可见到其踪迹。

菲尼克斯与凤凰

提到不死之鸟，想必有人联想到"带有五色美丽的羽毛，与像孔雀般摇曳的长尾羽"，也就是中国的"凤凰"。其为吉祥的传说之鸟，仅食竹子的果实，并停靠在青桐的树枝上。

然而，凤凰的死是"涅槃"，是浴火燃烧，得到永生，与菲尼克斯的"死后复活"之传说不尽相同。

菲尼克斯

武器

轰击五星

关联

■ 阿尔斯特传说
～凯尔特神话的英雄
传说～
➡ P011
■ 千棘刺之枪
➡ P038
■ 雷神之锤
➡ P075

一击必杀的掷枪

【1】是达南神族的基恩与敌人弗莫尔族巴罗尔的女儿伊瑟斯所生的孩子，可说拥有复杂的家世背景。"巴罗尔终究会被自己的孙子所杀"，由于基恩知道这个预言，因而故意产下这个孩子。得知真相的巴罗尔企图将鲁格淹死，但鲁格被海神玛纳诺救起，并被收为养子，最后如预言杀死了巴罗尔。

【2】在日本诸多有关凯尔特神话的书籍中，多数都未言明鲁格所持的枪之名称。

【3】达南神族从四座城市所带来的宝物，分别是轰击五星、不败之剑、魔法的大釜、命运之石。

英国的邻国爱尔兰流传的凯尔特神话，描述的是比阿尔斯特传说更早的时代，诸神一族的达南神族与巨人的弗莫尔族之间的激战。在这场战役中，诸神之王是持有"魔枪""闪光之枪"的光之神鲁格【1】。近年的奇幻作品，多半将他持有的那把枪命名为"轰击五星"【2】，因此本书也沿用此名。

在神话故事中，轰击五星仅有两种魔力，"百发百中"与"必赢得胜利"，简直是人人梦想得到的武器。想必与弗莫尔族之战，轰击五星的确发挥了所长。其实轰击五星是爱尔兰的四秘宝【3】之一，这些宝物据说都归鲁格所有。

鲁格的别名是"长胳膊鲁格"，有人认为此名源于他为了投掷轰击五星，因而助长了他使用投掷武器之能力。事实上，鲁格还有另一件具有魔力的武器"魔弹塔斯兰"，是投石时使用的弹丸，擅长远距离的攻击。传说鲁格击败宿敌巴罗尔，就是靠着魔弹塔斯兰。

神话·传说

不老不死传说

关联

■菲尼克斯
➡ P059
■炼金术
➡ P264

凡人类皆追寻的梦想

【1】为制作不老不死仙药的必备仙术。其实使用的材料都是类似水银的有害物质，许多人因喝下所谓仙药而丧命。

【2】在炼金术中，可以将铅之类的金属变化为"金"的神秘触媒物质。又一说认为其是名为"不老长寿药"的神药。

　　近年来，科学家发现疑似存在着可以返老还童的细胞，因而引发讨论。不论身处哪个时代，人们始终追求着不老不死的梦想。以中国兴起的道教为例，道教的道士们练就炼丹术【1】，为的是制造可以使人不老不死的秘药，从此成为仙人。另外，欧洲的炼金术师们不断投入贤者之石【2】的研究，其目的之一也是掌握使人不老不死的方法。在印度，炼金术也非常盛行，目的当然也是一样。关于不老不死的妙药，也出现于神话故事中，《吉尔伽美什》里的英雄吉尔伽美什也为了寻找不老不死之妙药，而展开探寻之旅。

　　不过时至今日，人类依然找寻不到不老不死之妙药。著名的秦始皇为了不老不死，听信自称取得秘方的术士们，结果吃下毒性强的秘药，最后不是不老不死，而是早死。

　　在日本，虽不至于沉迷不老不死，但也有不少相关传说。传说有位长命百岁的女性，名叫八百比丘尼。据说她是吃了"人鱼的肉"，因而活到800岁。当然，人鱼似乎也仅存于传说，所以想要不老不死，终究无法办到。

不老不死传说

■《抱朴子》中记载的金丹制作方法

为实现不老不死，道士们积极制作秘药（这些药又称为丹药），甚至记载留下其制作的方法。公元3世纪葛洪所著的《抱朴子》中就记述了作为丹药之源的金丹之做法。

历时百天的斋戒，以准备★

▼

提炼锡，打造宽六寸二分、厚一寸二分的板状

▼

混合红盐与碱液，做成泥状物，然后均匀涂抹出一分的厚度

▼

交叠置入红土制的釜中

▼

封口且不留空隙

▼

以马粪为燃料，加热 30 天

▼

待釜中的物质呈灰状，里面会出现如豆子大小的金

▼

把这些金收集起来，放入土制的瓮，以炭火加热

▼

经过 10 次的锻炼即可完成

▼

完成的金，即可作为不老不死之药的金丹

※斋戒期间，必须遵守以下四点：
①以五香汤沐浴；
②保持身体的清净；
③避免触碰污秽物；
④断绝与世俗之人的交际。

COLUMN

不老不死的梦想终将实现？

英国剑桥大学研究员奥布里·德格雷博士指出，"只要弄清楚几个课题，就能解决老化难题"。

德格雷博士，是该校的资深生物医学学者，同领域的研究学者们虽肯定他是非常优秀的学者，却无法认同他的研究。某科学杂志甚至举办推翻德格雷博士理论的比赛，奖金高达2万美元，但是截至目前，依旧无人可以以科学理论证明其论点的错误。尽管关于老化的成因，不明之处依然颇多，但追根究底仍关于细胞不断的细微损伤。过去的研究者认为老化是细胞或分子衰退的结果，是无法避免的自然现象。但是，德格雷博士认为"只要尽早修复细胞所受到的损伤，即可以让细胞永葆健康，所以延缓老化并不是遥不可及的事"。

他提出只要克服7个项目，大约20年即能完成延缓老化的技术或药剂。看来，德格雷博士似乎可以创造出"不老不死之妙药"了。

不老不死传说

神话·传说

关联

■巨龙
➡ P052

贝奥武夫

～史诗的世界～

带给奇幻作品莫大影响的英雄故事

【1】栖息在城堡附近的沼泽，入夜后袭击人类，是犹如巨人的怪物。

【2】有藏匿财宝的习性。人类一旦想要偷取巨龙的宝物，巨龙就会怒而攻击人类。

【3】著名的《魔戒》作者约翰·罗纳德·瑞尔·托尔金，即是《贝奥武夫》研究学者，他的作品就多少受到了《贝奥武夫》的影响。

《贝奥武夫》是英国的古代传说之一，是有关英雄贝奥武夫一生的故事。第一部描写年轻的贝奥武夫之事迹，第二部则述说登上王位后年老的贝奥武夫的故事。

第一部的故事发生在名为德内的王国（现丹麦）。瑞典的勇士贝奥武夫得知，该国国王因怪兽格伦德尔【1】深感苦恼，于是出手相救。他打败了格伦德尔与它的母亲，德内王国恢复和平。

第二部发生于成为国王的贝奥武夫之晚年。他的王国在他的统治下始终和平，但某一天突然出现喷火的巨龙【2】袭击民众，他遂率领部下挑战巨龙。好不容易来到巨龙栖息洞穴的国王，与巨龙展开决斗，但开战不久贝奥武夫即身受重伤。故事最后就以英雄之死走向落幕。

《贝奥武夫》是现存的英国最古老的史诗。所谓的史诗，是自古以来以韵文形式述说神话、传说或英雄传的文体，存于世界各地。这些史诗不仅为多数人咏诵，也为后世奇幻故事【3】带来不小的影响。

贝奥武夫～史诗的世界～

■ 世界各地流传的史诗

名称	地域	成立时期	内容
《伊利亚特》	希腊	公元前 8 世纪左右	以希腊神话中的伊利亚特战争为题材，描写开战及之后十年间，直到英雄赫克托尔死亡的故事。
《卢济塔尼亚人之歌》	葡萄牙	公元 1572 年	葡萄牙诗人路易斯·卡蒙斯所著。描写大航海时代的葡萄牙人远航的故事。
《奥德赛》	希腊	公元前 8 世纪左右	被视为《伊利亚特》的续篇。描写在特洛伊战争中赢得胜利的奥德赛与儿子凯旋途中的故事。
《卡勒瓦拉》	芬兰	公元 19 世纪左右	芬兰医生伦罗特的著作。总结了流传在芬兰的神话或民间传说。
《吉尔伽美什》	美索不达米亚	公元前 2000 年左右	以美索不达米亚的传说之国王吉尔伽美什为主角，据说是人类现存最古老的史诗。
《工作与时日》	希腊	公元前 700 年左右	通过希腊神话，叙述唯有劳动而且是充满善行之勤务才能获得财富。
《诸王书》	伊朗	公元 1010 年	波斯诗人菲尔多西所著。内容包括古代波斯的神话、传说与王国的历史等。
《尼伯龙根之歌》	德国	公元 13 世纪初期	描写英雄齐格飞遭袭的悲剧，以及他的妻子克里姆希尔特为他复仇的故事。与北欧神话属同一起源。
《摩诃婆罗多》	印度	公元 4 世纪左右	描写阿周那与黑天两家族的战争，被视为印度教的重要圣典。
《阿伊努史诗》	日本 （阿伊努族）	不明	阿伊努族口耳相传的传说，叙述英雄的神话故事，其中有一位名为彭耶温朋的英雄。
《罗摩衍那》	印度	公元 3 世纪左右	讲的是印度教之神毗湿奴的化身、英雄罗摩王子，与罗刹王罗波那之间的战役。
《罗兰之歌》	法国	公元 11 世纪左右	描写法国的勇将罗兰参与的战役，以公元778年爆发的龙塞斯瓦耶斯隘口战役为题材。

贝奥武夫 ~ 史诗的世界 ~

幻兽·妖怪

帕加索斯

关联

■ 雅典娜
➡ P007
■ 奇美拉
➡ P030
■ 刻耳柏洛斯
➡ P040

从石化怪物衍生的雪白飞马

【1】现代作品中经常描绘它头上有一只角，但在神话里并无角。由于这只角，人们常将帕加索斯与幻兽独角兽混为一谈。

【2】奥林匹斯十二神的一柱，详情参照奥林匹斯十二神。

【3】宙斯与达娜厄所生的英雄。以磨成如镜面般光亮的盾与镰刀作为武器，终于斩下了美杜莎的首级。

【4】被视为科林斯国王格劳克斯的儿子，但也有一说认为是波塞冬的儿子。如果是这样的话，那么他与帕加索斯就是同父异母的兄弟。

帕加索斯是出现于希腊神话中的怪兽，充满灵气，在日本拥有"独角兽"的昵称【1】。有着硕大的羽翼、雪白的身体，浑身洋溢着神秘的气息，给人以纯真无邪的印象。不过在希腊神话中，它的父亲是海神波塞冬【2】，母亲是怪物美杜莎。关于它的诞生，有着以下的故事。

它的母亲美杜莎与珀耳修斯【3】对峙之际，正怀有身孕。最后珀耳修斯斩去美杜莎的头，在喷出的血中诞生了帕加索斯。

回到故乡的珀耳修斯，将帕加索斯献给雅典娜。珀耳修斯死后，英雄柏勒洛丰【4】受命制服奇美拉，他需要帕加索斯的协助，故向雅典娜借用帕加索斯。不会飞翔的奇美拉，面对飞翔的帕加索斯，终于不敌而遭空中刺枪攻击。

从此帕加索斯成为英雄们的爱驹，并且屡立功绩。想必是身为怪物却被制服的母亲美杜莎之亡魂，默默守护着它吧！

帕加索斯

神话·传说

赫拉克勒斯

关联

■ 奥林匹斯十二神
～希腊神话中的
诸神～
➡ P025
■ 刻耳柏洛斯
➡ P040
■ 宙斯
➡ P048

希腊神话中最伟大的英雄

【1】原本协助宙斯的大地之母盖亚所引发的战争。起因是宙斯将盖亚的孩子们赶到地下囚禁，盖亚震怒，遂发动战争。

　　希腊神话中出现了许多的英雄，其中又以赫拉克勒斯最为特别，他是神与人类的混血儿，而后还被纳入奥林匹斯十二神。换言之，他也是希腊神话中最伟大的英雄。他的双亲是最高之神宙斯与人类阿尔克墨涅。当时宙斯率领的奥林匹斯诸神，与大地之母盖亚的大军处于诸神大战【1】如火如荼之际，盖亚生出了具有"诸神杀不死"魔力的巨灵们，让宙斯深感苦恼。因此宙斯决定生一个"足以打败巨灵的强大人类"，他选中了迈锡尼王妃阿尔克墨涅，化身为她的丈夫安菲特律翁，进入王妃的寝室与她做爱，于是诞生了赫拉克勒斯。尽管事出有因，但宙斯的背叛仍激怒妻子赫拉，而且赫拉克勒斯之名，意味着"女神赫拉的荣耀"，简直是对赫拉的嘲讽。赫拉极度厌恶赫拉克勒斯，终其一生迫害着赫拉克勒斯。也许是继承了最高之神的基因，还是婴孩的赫拉克勒斯即能徒手杀死赫拉用来设局杀害他的毒蛇。赫拉克勒斯在母亲阿尔克墨涅的期待下，

成长、结婚并拥有了幸福的家庭。然而这一切却无法长久，他在赫拉的诅咒下发疯，犯下杀害家人的罪行。

十二项伟业与英雄之死

【2】 除了本文所介绍的，另外还有"捕获刻律涅亚山的鹿""制服厄律曼托斯山的野猪""清洗奥革阿斯的牛厩""杀死斯廷法罗斯湖的怪鸟""制服克里特的公牛""活捉狄俄墨德斯的四头食人马""夺取亚马逊人女王希波吕忒的腰带""制服革律翁""摘取赫斯珀里得斯的金苹果"。

【3】 拥有人类的上半身，以及马的脖子至下半部，是半人半马的怪兽。他企图强暴得伊阿尼拉，遭赫拉克勒斯以涂抹海德拉血液的箭刺死。但他诱惑得伊阿尼拉，说他自己的血液可以成为媚药，隐瞒血液含有剧毒的事实。

杀死家人的赫拉克勒斯为了赎罪，挑战欧律斯透斯派给他的<u>十二项伟业</u>**【2】**，诸如制服涅墨亚森林的狮子，杀死拥有不死之身的毒蛇许德拉，活捉刻耳柏洛斯等，这些似乎都是不可能完成的任务。

然而他完成了十二项伟业，终于恢复自由之身，并与得伊阿尼拉结婚。而后，又与伊俄勒结婚。

但这竟是美好生活破灭的开始。赫拉克勒斯与伊俄勒结婚之际，得伊阿尼拉以为自己遭到赫拉克勒斯的厌恶，遂听信涅索斯**【3】**的谎言，以为他的血是媚药，将其涂抹在赫拉克勒斯的内衣上。然而那是含有剧毒的血液，赫拉克勒斯痛苦不堪，终于走向火葬坛，全身着火燃烧。在轰然声与巨雷下，赫拉克勒斯死亡。不过他在宙斯的协助下，成为永生的诸神之一。

射箭高手赫拉克勒斯

提到赫拉克勒斯，或许会立刻让人联想到强壮的手臂，他可以徒手或持棍棒打败众多怪物。除此之外，赫拉克勒斯在欧律托斯的教导下，习得精湛箭术。在诸神大战中，他靠着弓箭不断打败巨灵，如宙斯所愿，奥林匹斯诸神终于赢得胜利。

赫拉克勒斯

神话·传说

马比诺吉昂

关联

■ 阿尔斯特传说
~凯尔特神话的英雄
传说~
➡ P011

■ 圆桌骑士
~亚瑟王传说~
➡ P021

漂洋过海而来的古凯尔特神话

【1】位于不列颠岛的西南部。英国实质上是由"英格兰""威尔士""苏格兰""北爱尔兰"所组成的王国。

所谓的《马比诺吉昂》，是指《马比诺吉》的四个故事，以及总结了口耳相传的凯尔特神话之故事集。过去的凯尔特人的故事是通过口耳相传。直到公元11世纪，威尔士[1]的修道士们开始书记，终于总结成《马比诺吉昂》，之后通过翻译，使其闻名于世界。

《马比诺吉昂》共收录了11篇故事，其中核心的4个故事，每个都以"就这样结束了马比诺吉的这段故事"为结尾，因而取其作为故事集的标题。

整本书由《马比诺吉的四个故事》《卡穆林流传的四个故事》《宫廷的三个罗曼史》三部分构成，作品氛围各不相同。《马比诺吉的四个故事》属于带有幻想性、神话性、趣味性的英雄故事。《卡穆林流传的四个故事》以民间传说为主，并加入有名的亚瑟王传说。《宫廷的三个罗曼史》是宫廷的罗曼史，亚瑟王也出现于其中。总之，故事集包含了神话的英雄传、威尔士的民间故事、爱情罗曼史，可以说不仅具有历史资料的价值，同时也充满了娱乐性，是值得一读的作品。

马比诺吉昂

关于《马比诺吉的四个故事》的内容

《马比诺吉的四个故事》是《马比诺吉昂》中，被人评价最高的神话作品。这四个故事以威尔士为背景，且相互影响。

第一个故事是《戴伏德的王子皮威尔》，描写普里德里的双亲皮威尔之婚姻，直到普里德里的诞生，以及成为伟大继承者的经纬。第二个故事是《林瑞的女儿布兰雯》，描写不列颠国王的妹妹布兰雯，与爱尔兰国王结婚，结果这场婚姻引发了不列颠与爱尔兰的战争。接着是《林瑞的儿子马那怀登》，描写从战场归来的马那怀登与普里德里的故事，普里德里与妻子玛娜乌丹被深怀恨意的男子施了魔法，马那怀登出手相救。最后是《马索伊努的儿子马斯》，描写马斯与弟弟的冲突，两人和解后，一起守护继承斯威，并报复背叛的新娘与第三者。

若阅读四个故事的原文，的确会发现奇妙之处及难以理解的部分，不过由此也能窥见凯尔特神话的渊源，是具有相当历史价值的重要作品。

《马比诺吉昂》的书名是误译？

原书的书名是《马比诺吉》，但为何最后不是《马比诺吉》而变成《马比诺吉昂》呢？理由竟是当时的书循采"誊本"作业，文中一处误用了"马比诺吉昂"，而后翻译成英语时并未更改，便采用了"马比诺吉昂"一词出版。

马比诺吉昂

神话·传说

三贵神、神世七代
~日本神话的诸神~

关联

- 天照大御神 ➡ P009
- 三种神器 ➡ P042
- 须佐之男命 ➡ P044

日本神话中精彩纷呈的诸神故事

【1】是集结各地民间故事、妖怪传说等的作品总称。最具代表性的是岛根县附近流传的《出云风土记》。不过"风土记"仍有许多部分失传、只剩下片段的故事。

【2】日本神话中，在天地开辟之际出现了天之御中主神、高御产巢日神、神产巢日神、宇麻志阿斯诃备比古迟神、天之常立神等诸神。其中，最初出现的天之御中主神、高御产巢日神、神产巢日神被称为"进化的三神"。

【3】继别天神后出现的十二柱神。首先是无性别的国之常立神、丰云野神，而后是以伊邪那岐命与伊邪那美命为首的男女对称之十柱诸神。

在时而描写神的世界，时而描写人类世界的日本神话中，日本人最耳熟能详文献的是《古事记》《日本书纪》。此外，"风土记"【1】则是记述神话传说的书。这些故事中都详细记录了诸多的神，以及与其有关的故事和日本建国的渊源等。

日本神话的序曲是出现别天神【2】和神世七代【3】的天地开辟的时代，然后是伊邪那岐命与伊邪那美命的创造日本列岛的故事《国的诞生》，延续到以天照大御神为首的《三贵神的诞生》。这一时代所出现的诸神，详细可参照下一页的表格。伊邪那岐命生下了天照大御神、月读命、须佐之男命这"三贵神"，并命令他们分别统治高天原、夜之世界、海原，但须佐之男命反抗，搞乱了原本的计划。

在日本神话中，须佐之男命的子孙大国主"建国"后，天照大御神率领高天原的诸神迫使大国主让出统治王国，统治地上的支配权又回归到天照大御神的手上，由其子孙降临地上，并持续"天孙降临"以打倒敌对部族等，从此其子孙成为初代天皇"神武天皇"。总而言之，《古事记》和《日本书记》叙述了许多关于日本历史的神话传说。

三贵神、神世七代～日本神话的诸神～

■ 日本神话中的诸神系谱（部分）

在此列出以伊邪那岐命与伊邪那美命为始，以及他们所衍生的诸神。

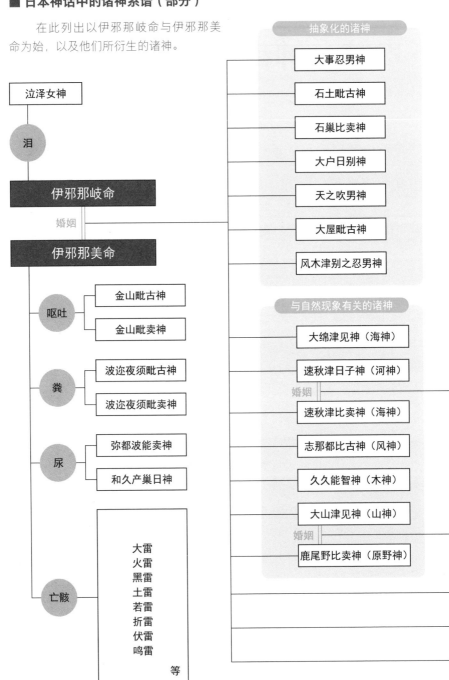

抽象化的诸神

- 大事忍男神
- 石土毗古神
- 石巢比卖神
- 大户日别神
- 天之吹男神
- 大屋毗古神
- 风木津别之忍男神

与自然现象有关的诸神

- 大绵津见神（海神）
- 速秋津日子神（河神）
- 婚姻
- 速秋津比卖神（海神）
- 志那都比古神（风神）
- 久久能智神（木神）
- 大山津见神（山神）
- 婚姻
- 鹿尾野比卖神（原野神）

泣泽女神

泪

伊邪那岐命

婚姻

伊邪那美命

呕吐
- 金山毗古神
- 金山毗卖神

粪
- 波迩夜须毗古神
- 波迩夜须毗卖神

尿
- 弥都波能卖神
- 和久产巢日神

亡骸
- 大雷
- 火雷
- 黑雷
- 土雷
- 若雷
- 折雷
- 伏雷
- 鸣雷

等

三贵神、神世七代～日本神话的诸神～

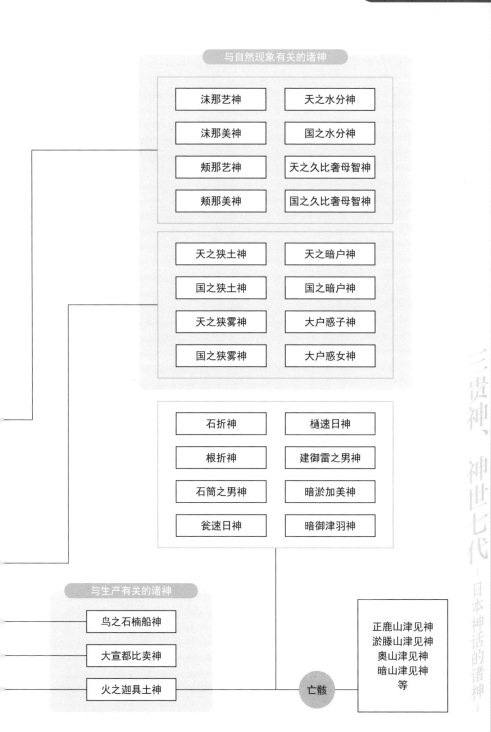

与自然现象有关的诸神

沫那艺神	天之水分神
沫那美神	国之水分神
颊那艺神	天之久比奢母智神
颊那美神	国之久比奢母智神

天之狭土神	天之暗户神
国之狭土神	国之暗户神
天之狭雾神	大户惑子神
国之狭雾神	大户惑女神

石折神	樋速日神
根折神	建御雷之男神
石筒之男神	暗淤加美神
瓮速日神	暗御津羽神

与生产有关的诸神

鸟之石楠船神

大宣都比卖神

火之迦具土神

亡骸

正鹿山津见神
淤滕山津见神
奥山津见神
暗山津见神
等

三贵神、神世七代～日本神话的诸神～

■ 出现于日本神话的主要诸神

名称	备考
天之御中主神	算是别天神五柱中的第一神，造化三神之一柱。宇宙中最初现身的神，是诸神居住的高天原之主神。
高御产巢日神	继天之御中主神后现身的神，别天神五柱中的第二神，造化三神之一柱。是与生产力、农耕密切相关的神。
神产巢日神	别天神五柱中的第三神，与高御产巢日神一样属于与生产力有关的神，高御产巢日神是男性的神，相对地，神产巢日神是女性的神。
宇麻志阿斯诃备比古迟神	由造化三神衍生的别天神之一柱。出现于日本神话的天地开辟，不过之后几乎不再出现，是谜一样的神。
天之常立神	造化三神衍生的别天神之最后一柱。与宇麻志阿斯诃备比古迟神一样，几乎未再出现于神话中，是有诸多谜团的神。
国之常立神	与造化三神衍生的天之常立神对称的神，是神世七代的一柱。让尚不安定的大地，蜕变为具有生命力的土地。
丰云野神	造化三神衍生的神，神世七代的一柱。是为天空添加色彩、制造云朵，并尽力为大地带来丰饶果实的神。
宇比地迩神 / 须比智迩神	神世七代中第一对夫妇神。刚诞生的世界犹如泥沼，两人协力让大地变得坚实。
角杙神 / 活杙神	神世七代中第二对夫妇神。角杙神是男性，活杙神是女性。是给予大地生物所需力量的神。
意富斗能地神 / 大斗乃辨神	神世七代中第三对夫妇神。是让广大的大地坚固，让生物在世界得以生存的神。
淤母陀流神 / 阿夜诃志古泥神	神世七代中第四对夫妇神。淤母陀流神完成了完美的大地，阿夜诃志古泥神则由衷赞美。
伊邪那岐命	神世七代中第五对夫妇神。与妻子伊邪那美命两人生下了国、八百万之神。伊邪那美命死后，他独自生下天照大御神、须佐之男命、月读命。
伊邪那美命	与丈夫伊邪那岐命生下国、神，最后在生产火之迦具土神时丧命。成为黄泉之国的居民，在黄泉比良坂与伊邪那岐命分手。
天照大御神	伊邪那岐命在清洗污秽时，从左眼诞生的三贵神之一柱。是司掌太阳的女神，听命于父亲，成为统治高天原的神。
月读命	伊邪那岐命在清洗污秽时，从右眼诞生的三贵神之一柱。是司掌月亮的神，听命于伊邪那岐命，统治夜的世界。
须佐之男命	伊邪那岐命在清洗污秽时，从鼻子诞生的三贵神之一柱。拒绝听命统治海原，而后又在高天原闹事，终于被放逐人间。
火之迦具土神	伊邪那岐命与伊邪那美命的孩子。司掌火的神。伊邪那美命在生产火之迦具土神时，阴部遭火灼伤而丧命，盛怒的伊邪那岐命遂斩杀火之迦具土神。
大国主	须佐之男命的孙子，是如同伊邪那岐命与伊邪那美命一般努力建国的神，而后听从高天原使者的让国请求。
迩迩艺命	天照大御神的孙子，取代大国主神统治国。而后天照大御神授予迩迩艺命三种神器。
海幸彦	别名火照命。迩迩艺命与木花开耶姬的孩子，是山幸彦的哥哥。珍惜的鱼钩被弟弟弄丢，两人因而争吵不和，不过后来鱼钩失而复得，从此他听从弟弟的命令。
山幸彦	别名火远理命。曾与哥哥海幸彦大打出手，而后继承父亲迩迩艺命的皇位。与海神之女丰玉毗卖命生下鹈草葺不合命。
神倭伊波礼毗古命	丰玉毗卖命的妹妹玉依毗卖命与鹈草葺不合命所生的孩子，也就是之后的神武天皇。追溯其系谱，源自天照大御神，故天照大御神是天皇家族的始祖。

武器

雷神之锤

关联

■ 千棘刺之枪
➡ P038
■ 轰击五星
➡ P061
■ 诸神黄昏
~北欧神话的世界与诸神~
➡ P079

雷神索尔爱用的魔法战锤

【1】矮人们也为北欧神话中的诸神制作各种道具。不过，矮人们拥有远比诸神更精湛的技艺，换言之，如果没有这些矮人，神话也就不存在了。他们制作了种种武器道具。除了黄金假发与雷神之锤之外，他们将永恒之枪与德罗普尼尔给了奥丁，将斯基普拉兹尼尔与黄金的猪给了丰饶之神弗雷。

雷神之锤是北欧神话中雷神索尔拥有的战锤，也是战斗用的武器。与主神奥丁拥有的永恒之枪一样，每投必命中敌人，而且掷出后会回归原主。据说掷出时还会散发闪电。然而，雷神之锤的重量也与攻击力画等号，算是非常沉重的武器。就连力量惊人的索尔，也无法以一般的姿势操弄雷神之锤，每次执此武器对战时为了增加神力，索尔必须缠上"筋力腰带"。

算是索尔标志的雷神之锤，至于取得之缘由，其实与洛基脱离不了关系。某次，洛基开玩笑把索尔的妻子西芙的头发剃光，为安抚盛怒的索尔，洛基答应做一头假发偿还。被洛基唤为"伊凡尔第的儿子们"的小矮人们【1】帮忙做了黄金的假发，另外又制造了可以去任何地方的神船斯基普拉兹尼尔及奥丁钟爱的永恒之枪。结果洛基带着这些去布洛克、辛德里小矮人兄弟处炫耀："要是有人做出胜过这些的道具，我愿意把头给他。"于是小矮人兄弟做出了雷神之锤。

最后，由诸神判定谁的制品最为优秀，结果唯一可以与巨人族抗衡的雷神之锤获得优胜，神将此赠与战神索尔。

被巨人夺走的雷神之锤

【2】巨人之王，拥有众多的宝石、黄金、银器、黄金牛角的牛与全黑的公牛等财宝。他希望娶芙蕾雅为妻，是因为他认为自己已拥有一切，除了芙蕾雅的美貌之外。

【3】海姆达尔是敏锐聪明的神。他住在连接诸神之国阿斯加德的彩虹桥旁，随时监视有无入侵者，故被称为"神的监视员"。

在神话中，索尔曾因疏忽，让雷神之锤被宿敌巨人族的索列姆【2】夺走。

索列姆偷走了雷神之锤，提出了交换条件，就是与最美丽的女神芙蕾雅结婚。当然遭到芙蕾雅的拒绝。结果海姆达尔【3】提议："不如由索尔假扮芙蕾雅，装扮成新娘，然后趁机夺回雷神之锤。"

无论是体型还是性别皆不同于芙蕾雅的索尔，最后披着白纱，由洛基充当随从，去到了巨人国。原本怀疑芙蕾雅是假冒的巨人们，在洛基的花言巧语下终于信服，并开始了婚礼。依照惯例，雷神之锤得放在新娘的膝上，索尔立刻握住雷神之锤，杀死巨人们。

也是守护象征的雷神之锤

对北欧神话流传地区的居民来说，索尔是非常受欢迎的神，而他的雷神之锤更是趋吉避凶的象征物。人们相信雷神之锤具有净化之魔力，因此无论是神话里的婚礼还是现实生活中的婚礼，都是新娘净化驱邪的重要道具，因而婚礼通常会摆放仿似雷神之锤的锤子。现在，许多店铺也贩售仿似雷神之锤的首饰等，产品非常受欢迎。

雷神之锤

神话·传说

乌托邦

~理想国传说~

关联

■ 不老不死传说
➡ P062

存在于某处的理想国

【1】"反乌托邦"是经常出现于科幻作品中的概念，呈现出诸如"机器操控人类"或"处于控制的社会毫无自由可言"之景象。

【2】以创作出《要求特别多的餐厅》《银河铁道之夜》等闻名的日本作家，出生于日本岩手县。

当要意指"一切皆理想的国家或场所"时，我们经常会使用乌托邦一词。事实上，这是1516年托马斯·莫尔在小说《乌托邦》里新造的词，源于希腊语的"无一处存在""场所"。

这本以拉丁语写成的《乌托邦》，以传说中并不存在的理想之国"乌托邦"为主题，通过反讽对欧洲社会进行批判，表达了一个想要实现人人平等社会的理想。由于该书的广泛传播，乌托邦已成为理想之地的代名词。

理想之地的发轫，其实自古以来即存在于人们心中，例如希腊神话中的死后乐园"极乐世界"，中国的"桃花源"，皆是脱离现实的乐园，犹如乌托邦。

但如今反而是反乌托邦【1】更为人所接受吧。"理想之地"，不知不觉也随着时代而有所改变。在日本，宫泽贤治【2】也创造了"理想乡"一词，是以他的故乡岩手县为创作灵感创造的。这个世界有多少人，就怀有多少理想，一个理想乡当然无法满足所有人的期望。换言之，理想乡也许就散落在世界各地吧！

乌托邦~理想国传说~

■ 世界的乌托邦

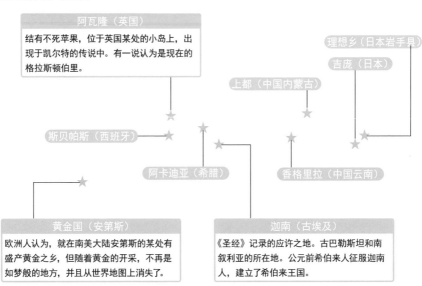

阿瓦隆（英国）

结有不死苹果，位于英国某处的小岛上，出现于凯尔特的传说中。有一说认为是现在的格拉斯顿伯里。

理想乡（日本岩手县）

吉庞（日本）

上都（中国内蒙古）

斯贝帕斯（西班牙）

阿卡迪亚（希腊）

香格里拉（中国云南）

黄金国（安第斯）

欧洲人认为，就在南美大陆安第斯的某处有盛产黄金之乡，但随着黄金的开采，不再是如梦般的地方，并且从世界地图上消失了。

迦南（古埃及）

《圣经》记录的应许之地。古巴勒斯坦和南叙利亚的所在地。公元前希伯来人征服迦南人，建立了希伯来王国。

COLUMN

理想国度的命名方式，究竟是基于音韵还是现实地名的变形

不可思议的是，各地理想国度的名称皆以a、e、s为首字母。举例来说，埃及的"Aaru"，英国的"Avalon"（阿瓦隆），位于地球中心的"Agartha"，推测存在于古代美洲大陆与非洲大陆之间的"Atlantis"，实际存在的希腊的"Arcadia"，威尔士神话里的"Annwn"。至于那些现实中不存在的地名，作家究竟是否依据特定音韵命名，已不得而知，不过想必是绞尽脑汁的结晶。

另外，以两个单字结合为一个词的有托马斯·莫尔的"Utopia"（乌托邦）、宫泽贤治的"lhatov"（理想乡）。有人认为，宫泽创造的理想乡取自岩手的旧时地名"Ihate"之谐音，因此认为理想国度的命名是现实地名的变形。基于此，东京、仙台、盛冈当然也可以利用谐音音韵创造出非现实的地名，例如东京"Tokyo"变成了"Tkio"。但不知为何，"Tkio"与"lhatov"相较之下，就是"lhatov"念起来更容易让人充满理想的幻想。看来，理想国度的名称也是百分百理想的。

乌托邦 | 理想国传说 |

神话·传说

关联

■女武神

➡ P088

诸神黄昏

~北欧神话的世界与诸神~

居住在参天大树上的神族之生活与其终结

【1】不仅北欧神话中有诸神黄昏的描述，基督教教义中也提到过世界末日的征兆。

游戏标题和奇幻作品中经常出现"诸神黄昏"，这其实指的是北欧神话中诸神与巨人们之间的最后战争。

北欧神话有称为"世界树"的巨大树，分为九个世界，包含神族、与神族敌对的巨人族、人类所居住的世界和冥界等。人类居住在人类世界，基本上与其他世界无法相互往来，诸神或巨人的世界则可以自由来去，因此诸神可以干涉人类。

诸神黄昏，是女巫预言中的"未来事件"【1】。最高之神奥丁率领阿萨神族，与原本敌对的华纳神族结盟，共同迎战巨人族。根据预言，领军怪物的巨人族与奥丁诸神们，在维格利德的广漠草原对决。此外，由于女武神的号召，就连"英灵战士"也参加了这场战役。

诸神的命运早已决定，包含奥丁在内的诸神皆战死，最后火焰巨人史尔特尔持火焰之剑，点燃世界树，世界走向毁灭。不过，一部分的神或人类依然存活，世界再兴。

诸神黄昏～北欧神话的世界与诸神～

■ 北欧神话的主要诸神

名字	解说
奥丁	北欧神话的主神，是阿萨神族之首，司掌战争、知识、魔咒等。从命运女神的预言得知诸神的命运，召集了优秀的战士灵魂参战。
索尔	雷神，手握魔法雷神之锤并驾驶两头公牛牵引的战车。是奥丁的儿子，堪称诸神中最强者。
提尔	独臂的战神。是决定战争胜败之神，力量不及索尔，但拥有优秀的指挥能力与勇气。
巴德尔	奥丁与弗丽嘉的孩子，是霍德尔的哥哥。是诸神中最聪明且最耀眼的绅士。遭霍德尔杀害，去到冥界，但诸神黄昏后又复活了。
维达	奥丁的儿子。由于谨慎，被称为"沉默之神"，其战力仅次于索尔。巴德尔被杀害时，他讨伐霍德尔，在诸神黄昏击败芬尼尔。
海姆达尔	是听觉、视觉敏锐的诸神监视员。守护在连接阿斯加德与人类世界的彩虹桥旁，在诸神黄昏，肩负吹笛召集诸神的任务。
布拉基	又称为"长须之神"，是奥丁的儿子。头脑清晰，属于善辩、善诗词之神，热烈欢迎造访阿斯加德的贵宾。
霍德尔	奥丁的儿子，巴德尔的弟弟。眼盲，受洛基的利用，误杀了巴德尔。
弗丽嘉	是奥丁的妻子，巴德尔的母亲。同时也是阿萨神族的诸女神之首。
伊敦	是诗歌、智慧与雄辩之神布拉基的妻子，管理让诸神保持年轻的魔力苹果。
尼约德	华纳神族的神，是弗雷与芙蕾雅的父亲。在阿萨神族与华纳神族交战时，为了和平自愿作为人质前往阿斯加德。
弗雷	尼约德的儿子，芙蕾雅的哥哥。司掌丰饶的华纳神族之神。据说是诸神中最美丽的，为了娶巨人族女儿葛德，自愿放弃爱剑。
芙蕾雅	是华纳神族之神，驱使两只猫牵引的战车。是尼约德的女儿，弗雷的妹妹。与哥哥一样司掌丰饶，此外也司掌爱情。
洛基	与奥丁结拜的兄弟，是阿萨神族接纳的巨人。拥有美丽的外貌，性格却乖张，经常为难诸神。是芬尼尔、耶梦加得的父亲。
史尔特尔	居住在穆斯贝尔海姆的巨人族之首，又称"火焰巨人"。手持火焰之剑守护国境，在诸神黄昏，击败弗雷，烧毁世界树。

诸神黄昏～北欧神话的世界与诸神～

■ 北欧神话的世界、世界树之图

世界树
耸立于世界的中心，是支撑世界的巨大梣树。分为天上、地上、地下三个平面，然后又再分出九个世界。

树之蛇
立于世界树之顶，是照耀世界的闪耀之鸟。究竟是何种鸟类，有人说是大鹫，也有人说是公鸡，众说纷纭。

阿斯加德
是以奥丁为首的阿萨神族居住的世界。横越彩虹桥时除了飞翔外，别无他法。有一说认为，其位于人类世界的中心处。

华纳海姆
华纳神族的世界。是尼约德、弗雷与芙蕾雅的故乡。详细情况不得而知，是充满谜团之地。

亚尔夫海姆
妖精们居住的世界。传说妖精们有着与神类似的美貌，它们也被后世称为"精灵"。

第一层：天上的平面

彩虹桥
连接阿斯加德与人类世界的桥梁。海姆达尔居住在阿斯加德的彩虹桥畔，监视渡桥者。

约顿海姆
霜巨人居住的世界。人类世界的北方、东方都是巨人的世界。据说若饮下巨人密米尔守护的泉水，即能获得知识。

人类世界
周围环绕着海洋的人类的世界。同一平面还有巨人居住的约顿海姆，人类世界与约顿海姆由神建构的围墙隔离开来。

穆斯贝尔海姆
据说是古老存在的世界。被火焰包围的灼热世界，只知道火焰巨人史尔特尔居住在此，其他情况不详。

第二层：地上的平面

瓦特阿尔海姆
是被称为多乌鲁格的矮人们居住的世界。他们是优秀的工匠，可以制造各种魔法武器道具。

尼福尔海姆
天地创造以前即存在的冰的世界。除了紧咬世界树根部的尼德霍格，还有许多的蛇。

海姆冥界
洛基的女儿海拉统治的死亡世界，如同尼福尔海姆。除了战死的死人或死去的诸神之去处。

第三层：地下的平面

諸神黄昏～北欧神话的世界与诸神～

■ 诸神的结局与结局之后

以下是诸神黄昏前后的过程。敌人来袭后，直到世界灭亡都属于诸神黄昏的范畴，左下的表格则是诸神对战的结局。

```
太阳与月亮被狼吞噬
        ▼
地上出现天变地异
        ▼
┌─ 诸神黄昏 ─────────────┐
│   诸神的敌人们来袭      │
│        ▼               │
│ 在史尔特尔的火焰下世界树被烧毁，沉入海中 │
└───────────────────────┘
        ▼
沉没的大陆再度浮起
        ▼
太阳的女儿开始运转
        ▼
残存的人类开始生活
        ▼
残存的诸神现身，迎向新时代
```

诸神黄昏的战役结果

诸神	敌对者	结果
奥丁	芬尼尔	芬尼尔吞噬了奥丁，芬尼尔获胜
维达	芬尼尔	维达撕裂芬尼尔的嘴，维达获胜
索尔	耶梦加得	索尔击碎耶梦加得的头，而索尔也身中剧毒而死，双亡
提尔	加姆	提尔击败加姆，但加姆临死前咬破提尔的喉咙，双亡
海姆达尔	洛基	详情不明，双亡
弗雷	史尔特尔	弗雷手持鹿角对战，最后力战身亡，

《埃达》与《萨迦》

提起北欧神话，不可不提的是《埃达》与《萨迦》。二者皆源自冰岛，《埃达》分为公元9世纪至13世纪间收集归纳的歌谣，以及公元13世纪总结的诗学入门书，前者称为《古埃达》，后者称为《新埃达》。

另外，《萨迦》除了有神话传说，也收录国王传记、英雄故事、民族传说，例如《沃尔松格萨迦》记述了以制服巨龙而闻名的齐格飞的故事。

诸神黄昏：北欧神话的世界与诸神？

关联

■ 巴哈姆特
➡ P055

利维坦

海洋怪物的代名词

　　在近年来的奇幻作品中，利维坦一般被描绘成栖息在海洋中的强大怪物。其实它最早是出现于《圣经旧约·约伯记》中的巨大海中魔兽，而后被描写为恶魔。在犹太教的传说里，是耶稣在创造天地的第五天创造出来的，传说它的样貌如巨大的鱼、鳄鱼、蛇或巨龙，就连剑、箭、刺枪等各种武器也无法穿透其鳞片。它与同样是上帝创造的"地心巨兽"属一对魔兽，最终审判日，人类皆沦为它与"地心巨兽"的食粮。

　　原本的设定并不邪恶，但由于其样貌，最后竟沦为邪恶的魔兽。来到中世纪以后，与司掌七宗罪之一"忌妒"的路西法或别西卜属同等级的大恶魔。在网罗恶魔的《地狱辞典》中，它成为地狱的海军提督，是位居第三名的强大魔神。

反正都要被吃掉的

张大嘴

利维坦

武器

烈焰之剑

关联

■圣剑·魔剑
➡ P046
■诸神黄昏
~北欧神话的世界与诸神~
➡ P079
■洛基
➡ P086

不曾使用过的剑

【1】出于北欧神话的公鸡。伫立世界树的最顶端，身体闪耀着光芒，照亮世界。

【2】北欧神话里的巨人，统治火焰之国。在诸神与巨人的诸神黄昏之最后战役中，他手持火焰之剑烧毁世界树。

　　那些剑之所以闻名于世，主要是因为其至少都曾经被人类或神使用过，被彻底发挥出魔力。但是，北欧神话中的烈焰之剑，尽管被塑造为具有强大魔力的武器，在神话中却从不曾派上用场。

　　这把剑又名"灾厄之魔杖"，据说它可以杀死伫立在世界树最顶端的"树之蛇"【1】。不过，树之蛇所在位置非常遥远，究竟该如何使用烈焰之剑攻击，其实也是个谜。只能凭靠推测，也许可以利用魔法发射，或将其当作投掷武器使用。在神话故事中，也未提及其形状模样，就连是不是真的剑也不得而知。

　　拥有烈焰之剑的是，在诸神黄昏让世界走向毁灭之命运的巨人史尔特尔【2】的妻子辛慕尔。此剑是洛基在尼福尔海姆咏诵卢恩字母时制作的，究竟如何辗转来到辛慕尔的手中则不得而知。她把烈焰之剑收藏在巨大的箱子里保存，并设下九道锁，极度慎

拿到了

重，至于如此慎重的理由，神话中并未提及。这也让烈焰之剑更加成谜。

为了得到此剑而原地绕圈

【3】有些资料中如是描述："结局是，只有被选中的人才能得其门而入。"

此剑之名出现于《菲斯比兹尔的话语》这个故事，名叫斯维普达格的年轻人为了找寻梅格拉多，必须通过火焰之城堡的大门，但那里有两只猎犬看守，一般人难以通过。

他听从巨人菲斯比兹尔的建议，"猎犬喜食树之蛇的肉，只要给它们，就能轻易通过"。但为了取得树之蛇，他必须拿到烈焰之剑。他得知要向辛慕尔借到烈焰之剑，必须献上树之蛇尾巴的羽毛。换言之，想得到树之蛇依然必须拥有树之蛇，等于是在原地兜圈子【3】。

结果，斯维普达格用其他方法引开猎犬，终于顺利进入大门，见到梅格拉多。因此，故事中虽然提到了烈焰之剑，事实上烈焰之剑却并未派上用场。

与史尔特尔的剑之关联性

由于烈焰之剑之名称，因而有人认为是巨人史尔特尔拥有的燃烧火焰之剑，事实上，许多奇幻作品也这样描述。由于烈焰之剑身上有诸多谜团，同时又归史尔特尔的妻子所有，所以或许的确有那样的可能。不过在神话里，并未明示烈焰之剑就是史尔特尔的那把剑，所以充其量只能视为奇幻作品的设定。

烈焰之剑

神

洛基

关联

■ 奥丁
➡ P023

■ 诸神黄昏
~北欧神话的世界与诸神~
➡ P079

■ 烈焰之剑
➡ P084

尽管是巨人族却被纳入诸神之列

【1】以奥丁为首的神族，居住在阿斯加德。曾与丰饶之神的华纳神族有过短暂的战争，而后彼此交换人质，取得和平。

诸多神话都存在着"捣蛋鬼"，他们搞恶作剧或引发某些事件，惹得诸神或人类不知所措，有时像是好人，有时又像坏人，完全让人捉摸不定。就性格面，他们常成为故事的"推进者"。

洛基即北欧神话中最具代表性的捣蛋鬼。他是巨人法布提与劳菲的儿子，与奥丁率领的阿萨神族【1】原属敌对的关系。不过，奥丁很喜欢洛基，两人成为结拜兄弟，因而洛基也被视为诸神的一员。他也与索尔交好，两人曾多次前往巨人族世界的约顿海姆旅行。

他拥有美丽的容貌，却又散发着邪气，且毫无顾忌地说谎。尽管称不上是坏蛋，但不时的恶作剧常惹得诸神困扰不已。不过，他惹起的麻烦事，最后总还是靠着他的小聪明解决，让诸神不至于陷入窘境，总而言之，洛基是名副其实的捣蛋鬼。

又满了

痛！！

洛基

【2】斯瓦迪尔法利与化身为雌马的洛基所生的骏马，不仅奔驰速度极快，还能飞翔。

另外，北欧神话里奥丁的永恒之枪、索尔的雷神之锤、可以产黄金的戒指安德华拉诺特……诸多武器或宝物都是洛基诱骗矮人制作或强行夺走的。奥丁的爱马，也就是有八只脚的斯雷普尼尔【2】，也是源自洛基。

最后成为诸神的敌对者

【3】奥丁与妻子弗丽嘉所生的第二个儿子。弗丽嘉梦见不祥之兆，于是与世界所有的生物、无生物缔结约定，保证"巴德尔不受到伤害"，只有槲寄生尚还幼小，所以未订下约定。如同永生不死一般的巴德尔也尝试了诸多挑战，都安然无事，直到洛基将槲寄生的树枝交给黑暗之神霍德尔，使其并投向巴德尔，巴德尔随即被刺中而丧命。

【4】在神话中，这即是造成地震的原因。

洛基虽然有时恶作剧过头，但与诸神相处仍算和睦。不过，他因让黑暗之神霍德尔中计，于是霍德尔误杀奥丁的儿子，也就是光之神的巴德尔【3】，从此与奥丁诸神有了嫌隙。

由于洛基是奥丁的结拜兄弟，诸神起初皆隐忍。但是，在海神埃吉尔的宴会上，洛基开始揭发诸神的秘密，让大家困窘不堪，诸神终于忍无可忍。

他们把洛基绑在洞窟的岩石上，迫使他动弹不得，然后让蛇的毒液滴落在他的脸上。洛基的妻子西格恩随侍在旁，以钵盛接毒液。不过，当她倒掉盛满毒液的钵时，洛基还是得忍受滴落的毒液，并因痛苦不堪而全身颤抖【4】。

最后的诸神黄昏，洛基才终于被释放，他与巨人、怪物的孩子们一同对抗奥丁诸神，最后与海姆达尔对战，双双战死。

洛基的孩子们

洛基与情人安格尔伯达生有三个孩子，其中两个儿子是巨狼芬尼尔与大蛇耶梦加得，还有一个女儿海拉。拥有预知能力的奥丁，预见诸神黄昏，洛基与他的孩子们会联手与诸神为敌，所以以魔法之锁绑住芬尼尔，将耶梦加得丢到海底，海拉则因成为冥界之王而被送到地下。

神

女武神

关 联

■奥丁
➡ P023
■诸神黄昏
~北欧神话的世界与诸神~
➡ P079

将英勇战死的战士送往天界的女神

【1】位于诸神世界阿斯加德的神殿。被召集来的英灵战士居住在此。当抵达瓦尔哈拉时，战士们在战场上受的伤都已痊愈，每天必须相互对战，以提升自己的战斗力。一天结束时，在对战时被杀死的灵魂又再度复活，他们一边享用怎么吃都不会减少的魔法野猪肉，一边狂饮山羊的奶与无限量的蜂蜜酒。

在北欧神话中，世界末日的诸神黄昏，诸神与巨人族全面开战。直到那日始终肩负重任的即是半人半神的女武神。

女武神的名字带有"战死战士之挑选者"的含意，德语是"Walküre"，英语是"Valkyrie"，在北欧语系中的发音近似德语，在日本则被翻译为"战乙女"。

身为女武神，她们的任务是为诸神黄昏做准备，"收集优秀战士们的灵魂"。女武神身着盔甲，骑着天马，一旦人类世界爆发战争，战场即出现她们的身影。她们依据奥丁的规定，只要见到被挑选的战士战死，就会将他们的灵魂带到天上的瓦尔哈拉【1】。

被带到瓦尔哈拉的战士们，又被称为"英灵战士"，意思是"英雄的死者们"。他们将受到女武神们的照顾，并积极提升战力直到诸神黄昏的到来。所以对女武神来说，她们不仅要听从主人的吩咐挑选战士

前往瓦尔哈拉！！

女武神

之灵魂，还必须要在诸神黄昏到来前照顾这些灵魂。

现在诸多奇幻作品将她们描绘为美丽的女神，其实自古以来可以挑选死者的仅有死神或魔女，所以在过去她们是人人避之犹恐不及的对象。

女武神的恋爱故事

女武神不仅在战场上挑选死者的灵魂，有时也会充当英雄的情人或妻子，守护着他们。

女武神中最有名的是伯伦希尔。她违抗主人奥丁的命令，因而被夺去神性，并被施与将与不知恐惧的男人结婚之咒语，然后被迫降落人间，被封印在某城堡的壁炉内。她遇见了来到这座城堡的英雄齐格飞，但受到周遭的百般阻挠，二人的故事终于以悲剧收场。

上面的故事留存于《沃尔松格萨迦》等北欧神话传说。19世纪德国的剧作家华格纳以此为灵感，创作了歌剧《尼伯龙根的指环》。齐格飞的名字变成了齐格弗里德，部分情节也随之德国本土化，不过故事内容大致相同，也让女武神与齐格飞得以名扬世界。

北欧地区的生死观

古代的北欧，相信"勇敢战死的战士之灵魂会随着女武神去瓦尔哈拉"。除了战死，病死或衰老等死因，对北欧战士来说都是不名誉之事，他们将因此无法得到前往瓦尔哈拉的厚待。为了勇敢战死成为奥丁的士兵，即使年老的战士也积极赴往战场，祈求能战死沙场。

女武神

历史·神秘

沃普尔吉斯之夜

～西方的节日、风俗～

魔女群聚的圣人纪念日

【1】基督教圣人圣博义的侄女。公元710年生于英国，后来到德国成为修女，努力传教。死后被封为圣人，被视为对抗法术或疾病的守护者。

【2】影子周围会出现光圈的现象被称为"布罗肯峰现象"，布罗肯峰因而闻名。

所谓沃普尔吉斯之夜，是指每年4月30日至5月1日期间，德国或瑞典等欧洲国家庆祝的节日。原本这些地区庆祝的是古凯尔特相传的习俗"五朔节"。五朔节是庆祝温暖季节到来的重要节日，不过由于受到基督教历史的影响，基督教主流社会中的凯尔特文化一直被视作异端而遭受打压，导致五朔节延续至今，其名称和性质发生了很大变化。现在的节日名称被认为取自基督教圣女沃普尔吉斯【1】，而日期来源也被认为来自她的纪念日5月1日。

沃普尔吉斯之夜，由于生者与死者的界线模糊，举行此祭典的地区会彻夜点火照明以驱逐死者的鬼魂。参加者则高歌或饮酒，大肆地吵闹不休。据说过度放纵的行径，有时甚至引发打架受伤的事件。不过沃普尔吉斯之夜依然是当地居民重要的娱乐节庆，也是非常热门的观光节庆。

在德国的传说中，沃普尔吉斯之夜时女巫们聚集在布罗肯峰【2】，与恶魔们把酒言欢。由于贸然在圣人纪念日前进行这样亵渎的行为，女巫们因此被视为基督教的挑战者。

■ 欧洲各地举行的沃普尔吉斯之夜

瑞典
于4月30日的清晨至深夜，瑞典的沃普尔吉斯之夜之最大特色是，学生们积极参与。聚集的群众会欢唱春之歌，以庆祝节日。

芬兰
芬兰的沃普尔吉斯之夜从4月30日开始，5月1日则举行五朔节的游行。由于人们习惯野餐，因而许多人聚集在户外饮食。

德国
受德国文化的影响至深，人们会畅饮啤酒，犹如女巫庆典般颓废地度过节日。因此，5月1日又称为"宿醉节"。

爱沙尼亚
属于发源地布罗肯峰的德国，比起其他地域，巫女的节庆色彩更为强烈。由于年轻人会趁着庆典时胡作非为，因而也演变为社会问题。

■ 欧洲的各种节庆

　　除了沃普尔吉斯之夜，欧洲各地基于自古以来的信仰或基督教教义，还有其他诸多的庆典或节日，特予以表格化。通过这些节庆或成因，也许更能理解欧洲各国的文化。

1月	1日……圣母玛利亚的节日 6日……三王朝拜	7月	6—14日……圣费尔明节【西班牙奔牛节】 7月23—8月23日……三伏天
2月	2日……玛利亚的洁净礼 复活节的42天前之节日……狂欢节	8月	15日……圣母玛利亚升天日
3月	12日……格利高利之日 15—19日……瓦伦西亚火节 25日……玛利亚圣灵受孕日	9月	第1周的礼拜日……萨拉森人的骑马射击比赛 8日……圣母玛利亚诞生日 12日……圣母玛利亚命名日 29日……大天使节
4月	春分以后，直到第一次满月后的第一个星期日……复活节 30日……沃普尔吉斯之夜	10月	不一定……收获节 31日……万圣节（万圣节前夜）
5月	1日……五朔节 17日……布鲁日的圣血游行 25—28日……罗腾堡的历史节庆	11月	1日……诸圣人节（万圣节） 2日……死者节（万灵节） 11日……圣马丁节
6月	第1个星期日……卡赞勒克的玫瑰节 15日……阿尔卑斯山的开放日 24日……圣约翰日	12月	24日……圣诞夜 25日……基督诞生日 31日……跨年夜

沃普尔吉斯之夜～西方的节日、风俗～

历史篇

性格过于偏激的信长、龙马

首先，所谓的历史人物及其事迹，其实多半加上了后人的想象杜撰。最典型的例子就是战国武将织田信长。有关他的丰功伟业在此就不多详述了，在路易斯·弗洛伊斯的《日本史》中，他被描述得宛如革命斗士或破坏王，并且自称"第六天魔王"。尽管史料并未记载所谓的第六天魔王，但由于第六天魔王给人们留下的印象过于鲜明，最后反而变成信长的注册标签。

幕府末年的风云人物坂本龙马也是相同的例子。他绝非默默无闻之辈，但就立场而言不过是个浪人，再加上最重要的船中八策已不存在，所以后人对龙马的想象，其实都来自司马辽太郎的小说《龙马传》。虚构小说与历史史实，其实是不能等同视之的。

容易引发"中二病"的名字

名扬战场的人物，多半有别名。在日本最有名的是岛津义弘的"鬼岛津"、武田信玄的"甲斐之虎"等。而若要放眼全世界，实在不胜枚举。在此就介绍那些著名的别名。

首先是英国，如理查一世的"狮心王"、爱德华三世长男的"黑太子"、玛丽一世的"血腥玛丽"、伊丽莎白一世的"处女王"等。

接着是法国，腓力二世的"尊严王"、路易八世的"狮子王"、路易九世的"圣王"、腓力四世的"端丽王"、查理五世的"贤王"、路易十四世的"太阳王"、路易十五世的"最爱王"等。

除此之外，还有神圣罗马帝国腓特烈一世的"红胡子腓特烈"、德国的腓特烈·威廉一世的"军人王"等。

军事·组织（犯罪与治安）

Military · Society（Crime · Public order）

组织

KGB

关 联

■军事组织
➡ P097
■间谍
➡ P107

活跃于苏联时代的间谍组织

【2】"Central Intelligence Agency"之简称，也就是美国中央情报局。从事美国境外的情报活动。无论是预算或人员，原则上采取非公开。冷战时代以后，着重开展经济情报活动、企业活动、反恐怖行动。

【3】"Secret Intelligence Service"之简称，也就是英国秘密情报局。通称MI6。从事国内外情报收集的工作。SIS始于第一次世界大战期间，直到1993年英国政府才承认其存在。

KGB是直至1991年还存在的国家——苏联之组织。换言之，就是苏联国家安全委员会。

此组织成立的目的在于"拥护共产主义的苏联"。具体来说，其主要任务是"举发叛乱分子"，进行"国境警备"，从事"国内外的谍报工作"等，当然也负责"国外敌对势力的破坏工作或恐怖行动"之扰乱工作。尤其是在冷战时代，与敌对美国的CIA【2】或英国的SIS【3】等诸国之谍报组织进行水面下的炽热攻防交战。

这个组织，源起于1917年的俄罗斯帝国时代，苏联人民委员会主席（苏联总理）弗拉基米尔·列宁设立的秘密警察"契卡"。而后，经过多次的统合又废除，终于在1954年发展成KGB。不过，最后随着苏联的解体而解散。现则由俄罗斯联邦安全局、俄罗斯对外情报局负责承接。

俄罗斯现任总统普京，也出身自KGB，并担任过后来的俄罗斯联邦安全局局长。由此也能看出，无论是过去还是现在，KGB在俄罗斯的影响力。

KGB

军事 · 治安 · 犯罪

气象武器

阴谋论提及禁止使用的气象武器

【1】位于美国阿拉斯加州的基地。借照射电离层，活化激发大功率的高频波，以调查其所带来的影响等，不过由于设在军事用地内，放射的高频波反射到地上时，足以震撼地壳，不免令人怀疑是"地震武器"。

所谓气象武器，一如文字，即"人为操控气象的武器"。1977年的军缩NGO签订了"环境改变武器禁止条约"，将其定义为"有意识地操控自然现象，改变地球（生物层、岩石圈、水圈及气体圈）乃至宇宙空间的构造、组成或运动之技术"。

也许操控气象的异想天开，与奇幻故事相当呼应，因而科幻作品中频频出现气象武器。

然而，原本禁止使用的气象武器，却依然被用在许多实际行动中。越战时，美军展开了"凸眼计划"，让人工降雨降落在敌军的补给道路上，以达到妨碍越南军队行动的目的。此举从1967年一直不间断地持续到1972年。

基于这些实例，有阴谋论也认为"表面上条约禁止，其实各国都在暗自进行着气象武器的研究"，更有人指出"日本大地震，是美国的高频有源极光研究计划（以下简称HAARP）【1】所引发的，属于人造地震"，在日本引发话题，并且出版了相关书籍。

气象武器

■ 阴谋论者认为的 HAARP 地震之形成

2 HAARP 电离层
随着 HAARP 的高频波，电离层的原子
受到加热分裂

500km

电离层

60km

反射

1 发射高频波

HAARP

3 分裂的原子，放出极 ELF 到地表

5 底层呈现不稳定状
态而诱发地震

地盘

4 ELF 与地层中的花岗岩共振

图表是使用 HAARP 引发地震的推论假设之一。HAARP 放射的高频波，可以加热电离层的原子，促使极超长波（以下简称 ELF）放射到地表，此举可诱发地震，因而日本大地震被认为是人为而非自然现象的地震。

■ 人工降雨的形成原理

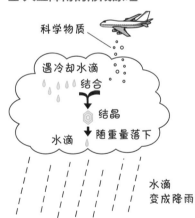

科学物质

遇冷却水滴

结合

结晶

水滴

随重量落下

水滴
变成降雨

人工降雨的基本原理是，在已形成的云朵上部的过冷却水滴散布化学药品等，强迫其内部形成冰晶体。这些被制造的冰晶体与水蒸气结合，变成了雪片，由于重量之故而落到云中。随着高度的下降与气温的上升，雪片溶解为水滴，最后变成雨降落地面。

COLUMN

尼古拉·特斯拉与人为地震

尼古拉·特斯拉，是传说中的"费城实验"的科学家，也是神秘学支持者最熟知的科学家，事实上，他的名字也出现在人为地震的阴谋论中。理由是他在 20 世纪初期公布了地震武器的概念，HAARP 也是基于尼古拉·特斯拉的理论而发展的。当然，这不能作为 HAARP 即地震武器的证据，不过这样的背景也为阴谋论增添了不少耐人寻味之处。

气象武器

军事 · 治安 · 犯罪

军事组织

外人所不知的军队之上下阶级

【1】以防卫为主的日本自卫队，严格来说并不是军队，不过对于日本人来说，相当于"具有战斗力的组织"。

日本的自卫队【1】或世界上其他国家的军队，皆存在着上与下的阶级。在此即解说为现代的军队阶级及组织结构。军队的阶级与组织，会随着时代或国家而有所不同，因此以下则以美国军队和日本自卫队为例。

首先，关于阶级，大体来说区分为"总司令""将""佐官""尉官""准士官""下士官""兵"，七个阶级（若是将，又分为大将、中将、少将、准将四阶级），其中又有更细的阶级。再者，依随陆军、空军、海军等，名称也有不同。最高位阶虽是"大元帅"与"元帅"，但基本上，"元帅"相当于军队的最高位阶，"大元帅"则是针对国家领导者（过去的日本军队中指的是天皇，而苏联军队中是斯大林等）或立下诸多战绩的军人，在其退任后给予的名誉职称。不过，并不是所有的国家皆设有元帅之阶级，例如日本自卫队即无这样的阶级。因此，相当于大将的"统合幕僚长兼××"是自卫队的最高阶级。【2】

这里我们以美军和日军为例，参照下文的组织图，美国的陆海空（美国还有海军陆战队）各军归属于国防部，而日本则是防卫省。

军事组织

■ 军队的阶级与称呼

一般的区分		所属	美军	自卫队
总司令官	大元帅／元帅	陆	General of the Army	—
		海	Fleet Admiral	—
		空	General of the Air Force	—
	大将	陆	General	统合幕僚长兼陆上幕僚长之陆将
		海	Admiral	统合幕僚长兼海上幕僚长之海将
		空	General	统合幕僚长兼航空幕僚长之空将
	准将	陆	Lieutenant General	陆将
		海	Vice Admiral	海将
		空	Lieutenant General	空将
	少将	陆	Major General	陆将补
		海	Rear Admiral Upper Half	海将补
		空	Major General	空将补
	准将	陆	Brigadier General	—
		海	Rear Admiral Lower Half	—
		空	Brigadier General	—
佐官	大佐	陆	Colonel	1等陆佐
		海	Captain	1等海佐
		空	Colonel	1等空佐
	中佐	陆	Lieutenant Colonel	2等陆佐
		海	Commander	2等海佐
		空	Lieutenant Colonel	2等空佐
	少佐	陆	Major	3等陆佐
		海	Lieutenant Commander	3等海佐
		空	Major	3等空佐
尉官	大尉	陆	Captain	1等陆尉
		海	Lieutenant	1等海尉
		空	Captain	1等空尉
	中尉	陆	First Lieutenant	2等陆尉
		海	Lieutenant Junior Grade	2等海尉
		空	First Lieutenant	2等空尉
	少尉	陆	Second Lieutenant	3等陆尉
		海	Ensign	3等海尉
		空	Second Lieutenant	3等空尉
准士官 ※1	准尉	陆	Chief Warrant Officer	准陆尉
		海	Chief Warrant Officer	准海尉
		空	Chief Warrant Officer	准空尉

续表

一般的区分		所属	美军	自卫队
下士官 ※2	兵曹长、 先任上级曹长、 先任伍长	陆	Sergeant Major of the Army	陆曹长
		海	Master Chief Petty Officer of the Navy	海曹长
		空	Chief Master Sergeant of the Air Force	空曹长
	曹长、上等兵	陆	Master Sergeant	1 等陆曹
		海	Senior Chief Petty Officer	1 等海曹
		空	Senior Master Sergeant	1 等空曹
	军曹、一等兵	陆	Sergeant First Class	2 等陆曹
		海	Petty Officer First Class	2 等海曹
		空	Technical Sergeant	2 等空曹
	伍长、二等兵	陆	Sergeant	3 等陆曹
		海	Petty Officer Second Class	3 等海曹
		空	Staff Sergeant	3 等空曹
兵	兵长	陆	Specialist	陆士长
		海	—	海士长
		空	Senior Airman	空士长
	上等兵	陆	Private First Class	1 等陆士
		海	Seaman	1 等海士
		空	Airman First Class	1 等空士
	一等兵	陆	Private E-2	2 等陆士
		海	Seaman Apprentice	2 等海士
		空	Airman	2 等空士
	二等兵	陆	Private	自尉官候补生
		海	Seaman Recruit	自尉官候补生
		空	Airman Basic	自尉官候补生

※1 美军的情况，准士官又分为五阶级。

※2 在此简略为四阶级，美军的情况则细分九阶级。

■ 美国国防部的组织图

以 Secretary of Defense（国防部长）为首，下分 Office of Secretary of Defense（国防部长办公室）、Department of the Army（陆军部）、Department of the Navy（海军部）、Department of the Force（空军部）、Joint Chiefs of Staff（参谋长联席会议）五个部门，陆军、海军、海军陆战队、空军属于各军部之下。

军事组织

　　另外，还有Combatant Commands（联合作战司令部），相当于负责派驻非洲、欧洲或太平洋等世界各地，以及统合指挥陆军、海军、空军、海军陆战队的特殊作战部队，也进行阻止核武器、防御敌军飞弹攻击、早期戒备与网络信息战等的调度指挥。

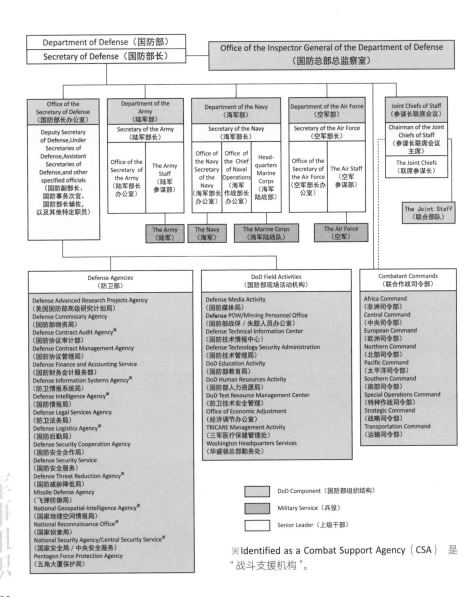

■ 日本自卫队（防卫省）的组织图

　　防卫省由内阁总理大臣（首相）拥有最高指挥监督权，位于组织最上位。防卫大臣仍受总理之指挥监督，负责对各部队下达命令。

　　自卫队依陆、海、空设置了"幕僚监部"的组织，相当于统筹各部队的总部。而这些幕僚监部又归属于"总幕僚监部"，总幕僚长从陆海空的幕僚长中选出，是自卫队上位中的上位。

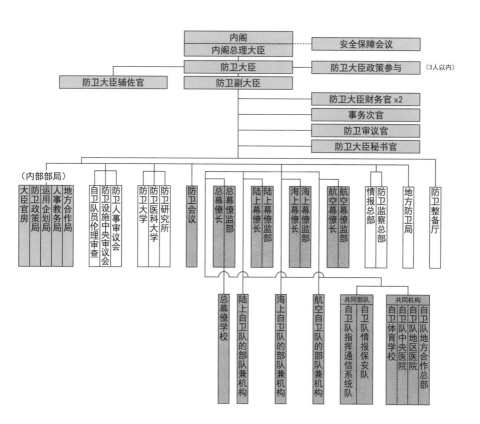

■ 军队的组成（日本陆军的情况）

下表是日本陆军军队的组成。军又分为"军团""师团""旅团"，基本上是依据人员规模而有所区别。称呼因军种而有所不同，例如海军是"舰队""战斗舰队""任务群""战队"等，空军是"战术空军""航空师团""航空团"等。

名　称	人　数	拥有的部队	指挥官
总军	多数	复数的师团以上的部队	元帅—大将
军集团	多数	2 人以上的军	元帅—大将
军	5 万人以上	2 人以上的军团或师团	元帅—中将
军团	3 万人以上	2 人以上的师团	大将—中将
师团	1~2 万人	2~4 人的旅团或连队	中将—少将
团	2000~5000 人	2 人以上的连队或大队	少将—大佐
连队	500~5000 人	1 人以上的大队或复数的中队	大佐—中佐
大队	300~1000 人	2~6 人的中队	中佐—少佐
中队	60~250 人	2 人以上的小队	少佐—中尉
小队	30~60 人	2 人以上的分队	中尉—军曹
分队（又或称为班）	8~12 人	无。有时分为复数的组	军曹—兵长
班（又或称为组）	4~6 人	无。有时分为复数的组	伍长——一等兵
组	1~6 人	无	伍长——一等兵

军事·治安·犯罪

警察组织

关 联

■ 军事组织
　　➡ P097
■ 黑手党
　　➡ P120

区分为国家与地方的日本警察组织

【1】学员针对警察厅的上级干部，使其学习必要知识、技能，培养指挥能力兼管理能力，此外也进行警察业务相关的研究。

【2】专门守护天皇及皇族的警察。皇居内设有本部。

　　相较日本自卫队主要是防卫来自国外的威胁或战斗团体，警察则是维持国内治安的组织。

　　日本的警察组织分为两类：一类是国家的警察机关，称"警察厅"；另一类是各都道府县体系的警察机关，例如"警视厅"（东京都）及"神奈川县警""大阪府警"等。许多人常混淆警视厅与警察厅，其实警视厅是东京都的警察机关，其等级相当于神奈川县警或大阪府警。警察厅作为国家的警察机关，隶属于内阁总理大臣管辖的国家公安委员会，其建立的目的是负责各都道府县警察的指挥监督、提出关联法案、统计犯罪信息、处理跨区域的组织犯罪等，负责国家层面上需要统一处理的相关事务。另外，警察大学【1】、科学警察研究所（科警研）、皇宫警察本部【2】等，也是隶属于警察厅的组织。

　　警察厅是国家的行政机关，至于事件的搜查、违法行为的取缔等实务工作则交派各都道府县的警察机关。因此，原则上警察厅不直接从事犯罪搜查等实务工作。不过，两个及两个以上的县同时发生的大规模事件或灾害等，则仍由警察厅主导，以调度各都道府县的警察机关。

警察组织

■ 日本的警察机关之组织图

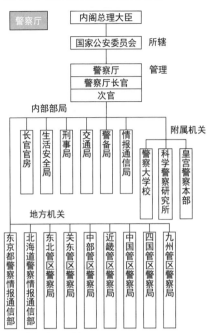
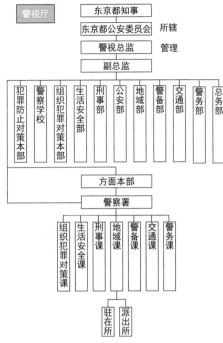

警察厅

内阁总理大臣
国家公安委员会 所辖
警察厅
警察厅长官 管理
次官

内部部局：长官官房 / 生活安全局 / 刑事局 / 交通局 / 警备局 / 情报通信局

附属机关：警察大学校 / 科学警察研究所 / 皇宫警察本部

地方机关：东京都警察情报通信部 / 北海道警察情报通信部 / 东北管区警察局 / 关东管区警察局 / 中部管区警察局 / 近畿管区警察局 / 中国管区警察局 / 四国管区警察局 / 九州管区警察局

警视厅

东京都知事
东京都公安委员会 所辖
警视总监 管理
副总监

犯罪防止对策本部 / 警察学校 / 组织犯罪对策本部 / 生活安全部 / 刑事部 / 公安部 / 地域部 / 警备部 / 交通部 / 警务部 / 总务部

方面本部
警察署

组织犯罪对策课 / 生活安全课 / 刑事课 / 地域课 / 警备课 / 交通课 / 警务课

驻在所 / 派出所

■ 阶级与职位

　　日本的警察组织之阶级与职位如下。警察厅的最高层级是"长官"，各自治体的警察，仅有警视厅是"警视总监"，其他的都道府县警皆是"本部长"。

级别	警察厅	警视厅	县警本部	警察署
一	长官	一	一	一
警视总监	一	警视总监	一	一
警视监	次长、局长、审议官、警察大学校长、官区警察局长	副总监、部长	本部长	一
警视长	课长、管区警察局部长	部长	本部长、部长	一
警视正	室长、理事官	参事官、课长	部长	署长
警视	课长辅佐	管理官、课长	课长	署长、副署长
警部	组长	组长	课长辅佐	课长
警部补	主任	主任	组长	组长
巡查部长	组员	组员	主任	主任
巡查	一	一	组员	组员

■ 有资历者与无资历者的晋升

　　所谓的资历，是指警察厅录用的通过国家公务员一等考试者。他们算是警察组织的精英，约25万名的警察官中仅有500名左右。另外，通过国家公务员二等考试者，也算是拥有资历者，不过仍有所区别。其不同如下表所显示：同样是新进人员，无资历者得从最底层的"巡查"做起；相较之下有资历者则立即成为警察组织的干部候补，并给予"警部补"的阶级职称。

级别	资历（一等）	资历（二等）	无资历
警视监	46—49岁	一	一
警视长	40—41岁	50岁以上	一
警视正	33—34岁	43—44岁	53岁左右
警视	25—26岁	35—36岁	40岁左右
警部	23岁	29岁	29岁
警部补	22岁（录用时）	25岁	25—26岁
巡查部长	一	22岁（录用时）	22—24岁
巡查	一	一	18—22岁（录用时）

警察组织

军事 · 治安 · 犯罪

人格病态&多重人格

并非坏人专属的心理疾病

【1】人格病态的成因不明，研究者表示，幼年期受虐可能是致因。同时，治疗的方式也尚未明确。

【2】1906—1984年，除了杀害两名受害者外，又取人的尸体做成灯罩或皮带。电影《人皮杀手》描写了他的一生。

【3】1942—1994年，是杀害30人以上的美国连环杀人犯。被逮捕后，供称自己罹患多重人格，但被认为是诈病逃避刑责。

人格病态者，是指有心理病态的精神疾病者。在日本人们不视其为精神疾病，而称之为反社会人格障碍【1】。人格病态者的特征，诸如对他人冷淡、毫无良心地从事异常行为，大致可归纳为以下几点：

· 举动或说话方式都是一种表演

· 不易感受到恐惧、不安或紧张

· 可以泰然自若完成他人犹豫不敢做的危险事情

· 口才很好，擅于吹捧他人

· 喜欢说大话，经常中途改变意见、主张

· 没有耐心，难以坚持完成某件事

· 傲慢自大，无法忍受他人的批评

· 难以对他人产生同理心

近年来的文学和影视作品中常将人格病态者等同于犯罪者，其实反社会人格障碍者仍可以过着正常的生活，并不一定是坏人。

只不过，此倾向强烈者较易引发问题，犯下重大案件者也不在少数。例如连环杀人犯艾德·盖恩【2】和约翰·韦恩·盖西【3】，即被视为人格病态者。

人格病态&多重人格

一个身体寄宿着多重人格

【4】自己不是自己，感受不到现实，经常陷入非现实的感受中，因而也影响了日常生活。除了分离性身份识别障碍之外，还有分离性健忘或分离性昏迷等不同的症状。

【5】1955年～2014年。因强盗、强奸而遭到逮捕起诉的美国男性。是分离性身份识别障碍患者，共有24人的人格。

同样地，虚构作品中也经常出现拥有多重人格的角色，这属于解离性障碍的一种【4】，称分离性身份识别障碍。

患者的一个躯体内却有着多重人格，这些人格会在某个瞬间相互替换。由于这些人格是片段式的，因此基本上各人格之间并无共通的记忆。换言之，对于人格A的行为，人格B完全不知情。

因此有些犯罪者会自称拥有多重人格，借"是其他人格犯罪，与自己无关"来免除刑责。不过，有些案例的确并非撒谎，例如比利·米利根【5】即被诊断为"并非演技，而是分离性身份疾患"。

其实即使是专业医生也难以判别多重人格是伪装与否，因而是颇复杂的病症。

■ 用于诊断人格病态的 20 个提问

下表是美国犯罪心理学家罗伯特·海尔用于诊断是否为人格病态者的表格，依据这些提问，回答"是""些许""不是"，再给予分数（0～2分），达到某标准以上即是人格病态者。不过非专业人士，是无法借此获得正确的诊断的，因此不要随便对他人测试。

题号	提问	题号	提问
1	口才好且外在充满魅力	11	会做出乱性之行为
2	以自我为中心，自尊心强	12	自幼即有犯罪史
3	容易感到无聊，因而寻求刺激	13	无法面对现实，付出长期且有计划的行动
4	好说大话，且有说谎的习惯	14	有冲动行为
5	企图操弄他人的意志	15	欠缺责任感
6	不会感到后悔或有罪恶感	16	无法对自己的行为负责
7	所有的情绪皆微弱	17	短时间内反复地结婚、离婚
8	冷淡，且不易体会到他人的感受	18	自幼品性恶劣
9	依赖他人	19	在交保或观察期间又再犯案
10	难以控制欲望	20	有多种的犯罪史

军事 · 治安 · 犯罪

间谍

关联

■ KGB
➡ P094

■ 军事组织
➡ P097

■ 忍者
➡ P143

活跃于台面下的情报战

【1】1876—1917年。是法国脱衣舞娘，在第一次世界大战期间成为德国间谍，窃取法国将校的情报（身兼德国、法国两国的间谍）。其知名度让她成了女间谍的代名词。

【2】1895—1944年。是佐尔格谍报组织的首领，活跃于1933—1941年。以"驻日大使"之身份为掩护，收集日本和德国的情报。

【3】又名东京湾事件。美国宣称越南的鱼雷艇对美国驱逐舰发射了两发炮弹。

【4】里根政府秘密贩售武器给伊朗，将获利用于支援尼加拉瓜的反政府军。1986年被揭发后，成为政治界的最大丑闻案。

作战或外交交涉时，最重要的就是情报信息。收集或分析这些情报的人就是从事谍报工作的间谍。荷兰的玛塔·哈里【1】、苏联的理查·佐尔格【2】，即真实存在的知名间谍。现在，间谍组织也散布于世界各国，最有名的就是美国的CIA。

CIA是美国总统的直辖组织，是不隶属于美军或其他政府机关而独立存在的组织。其主要任务是"收集情报""操控情报""对目标进行削弱"，当然也必须潜入敌国或作战地区收集情报，或是收买、威胁外交官，或是在敌国进行鼓动和煽动民众、暗杀敌对的领导者、援助反政府组织，以及进行抗争行动等。

另外，CIA除了收集情报外，也分析来自国家安全局、国家侦查局、国防情报局、各军的情报部、财务部情报局、原子委员会情报部的情报，犹如美国谍报活动的核心。许多重大事件也与CIA脱不了干系，其中包含由美国介入越战而引发的北部湾事件【3】、最大丑闻伊朗门事件【4】。

间谍

■ 美国 CIA 组织图

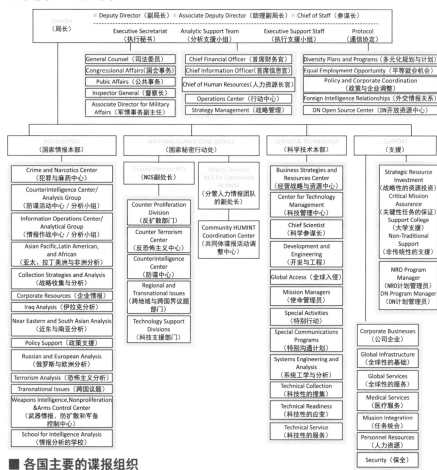

Director（局长）	■ Deputy Director（副局长）　■ Associate Deputy Director（助理副局长）　■ Chief of Staff（参谋长）

Executive Secretariat（执行秘书）　Analytic Support Team（分析支援小组）　Executive Support Staff（执行支援小组）　Protocol（通信协定）

General Counsel（司法委员）
Congressional Affairs（国会事务）
Pubic Affairs（公共事务）
Inspector General（督察长）
Associate Director for Military Affairs（军情事务副主任）

Chief Financial Officer（首席财务官）
Chief Information Officer（首席信息官）
Chief of Human Resources（人力资源长官）
Operations Center（行动中心）
Strategy Management（战略管理）

Diversity Plans and Programs（多元化规划与计划）
Equal Employment Opportunity（平等就业机会）
Policy and Corporate Coordination（政策与企业调整）
Foreign Intelligence Relationships（外交情报关系）
DN Open Source Center（DN开放资源中心）

INTELLIGENCE（国家情报本部）

Crime and Narcotics Center（犯罪与麻药中心）
Counterintelligence Center/Analysis Group（防谍活动中心／分析小组）
Information Operations Center/Analytical Group（情报作战中心／分析小组）
Asian Pacific,Latin American, and African（亚太、拉丁美洲与非洲分析）
Collection Strategies and Analysis（战略收集与分析）
Corporate Resources（企业情报）
Iraq Analysis（伊拉克分析）
Near Eastern and South Asian Analysis（近东与南亚分析）
Policy Support（政策支援）
Russian and European Analysis（俄罗斯与欧洲分析）
Terrorism Analysis（恐怖主义分析）
Transnational Issues（跨国议题）
Weapons Intelligence,Nonproliferation &Arms Control Center（武器情报、防扩散和军备控制中心）
School for Intelligence Analysis（情报分析的学校）

NATIONAL CLANDESTINE SERVICE（国家秘密行动处）

Deputy Director NCS（NCS副处长）

Counter Proliferation Division（反扩散部门）
Counter Terrorism Center（反恐怖主义中心）
Counterintelligence Center（防谍中心）
Regional and Transnational Issues（跨地域与跨国界议题部门）
Technology Support Divisions（科技支援部门）

Deputy Director NCS for Community HUMINT（分管人力情报团队的副处长）

Community HUMINT Coordination Center（共同体谍报活动调整中心）

SCIENCE& TECHNOLOGY（科学技术本部）

Business Strategies and Resources Center（经营战略与资源中心）
Center for Technology Management（科技管理中心）
Chief Scientist（科学参谋长）
Development and Engineering（开发与工程）
Global Access（全球入侵）
Mission Managers（使命管理员）
Special Activities（特别行动）
Special Communications Programs（特别沟通计划）
Systems Engineering and Analysis（系统工学与分析）
Technical Collection（科技性的搜集）
Technical Readiness（科技性的应变）
Technical Service（科技性的服务）

SUPPORT（支援）

Strategic Resource Investment（战略性的资源投资）
Critical Mission Assurance（关键任务的保证）
Support College（大学支援）
Non-Traditional Support（非传统性的支援）
NRO Program Manager（NRO计划管理员）
DN Program Manager（DN计划管理员）

Corporate Businesses（公司企业）
Global Infrastructure（全球性的基础）
Global Services（全球性的服务）
Medical Services（医疗服务）
Mission Integration（任务统合）
Personnel Resources（人力资源）
Security（保全）

■ 各国主要的谍报组织

日本

有警察组织的"公安"、防卫省的"情报本部"、外务省的"国际情报统括官组织"等。另外，内阁官房也设置了"内阁情报调查室"（简称内调），堪称日本版的CIA，只是规模较小。

美国

以CIA最为有名，其他还有国防总部的"NSA（美国国家安全局）"、"INSCON（美国陆军情报保安司令部）"、"ONI（美国海军情报局）"等。

英国

提到英国的谍报组织，又以"军情六处（简称：MI6）"最为有名。电影《007》系列就是以此为背景，隶属英国外交部与联邦事务局，主要任务是英国以外的谍报工作。

法国

法国的谍报单位除了隶属国防部的"DGSE"（对外安全总部），还有专门针对军事侦察的"DRM"（军事情报局）、警察组织的谍报单位"DCRI"（对内安全总局）等。

俄罗斯

继承苏联时代KGB的单位是"FSB"（联邦安全局）与"CBP"（对外情报局），基本上由FSB负责国内，CBP负责国外，其他还有军事谍报组织"GRU"（军队总参谋部情报总局）。

以色列

最有名的是"以色列谍报特务厅"，隶属首相府，负责对外谍报活动与特务工作。第二次世界大战后着手大屠杀相关之情报，例如追查逃亡的纳粹余党等。

间谍

军事

战舰

■战斗机 ➡ P111

拥有高度攻击力与防御力的炮击海战舰队

【1】废除副炮，配置单一口径的五座主炮塔，颠覆了过去的战舰概念。战力相当于过去的两艘战舰，由船桥统一瞄准目标，大大提升了命中率，再加上蒸气涡轮的新装置，拥有高速度等。由于远远超越过去的战舰，又被称为"斗级舰"。

【2】可以正确探知远处的敌机，迅速研判战况，并作出相应措施，还搭载了同时与多目标对战且兼具能对空射击之"神盾系统"。已不再是单纯的军舰，而是巡洋舰、驱逐舰、护航舰的统称。

具有战斗力的舰艇称"军舰"，其中海战时担当主力炮击的则是"战舰"。自古希腊、古罗马时代即有军船，19世纪以后开始出现施以装甲、大炮的现代化军舰。20世纪，为适应任务，军舰种类更细分化，其中最具攻击力与防御力的是战舰。从20世纪初期至第一次世界大战期间，以海战为主流，所以将擅长对战的战舰组成舰队，企图击溃敌舰队，取得制海权，这就是所谓的"舰队决战主义"。在这样的背景的驱使下，英国建造了划时代的战舰"无畏号"【1】。自此，世界各国纷纷仿效，企图建造更有威力的战舰，大建舰竞争时期开始。

不过，到第二次世界大战时，此趋势又被颠覆。军舰遭击沉的最大原因，其实是遭受由战斗机的轰炸而引起火灾或鱼雷浸水等。因此，各国又开始发展战斗机或作为海洋航空基地的"航空母舰"，战舰的价值从此一落千丈。冷战期间不再有海战，不过技术更加发达，扩展到开发雷达或火控系统的研发，又诞生了全新的舰种"神盾舰"【2】，如今过去的战舰皆已光荣退役。

战舰

■ 军舰的种类

种类	特色
战舰	具有强大的舰炮攻击力，同时兼具耐射击的坚固防御力。除了以高速为傲的"巡洋战舰"，还有改造后具有航空机功能的"航空战舰"。
航空母舰	拥有飞航用甲板，是具有航空机功能的舰船。不采用垂直着陆，改运用或 CTOL 固定机翼的"正规航空母舰"，或更小型的"轻航空母舰"，或在飞行甲板装置装甲的"装甲航空母舰"，或发射、回收水上机的"水上机航空母舰"等。
巡洋舰	比起战舰，具有远洋航行功能，高速且以舰炮等为主装备。拥有航空机功能的是"航空巡洋舰"，或更大型的"重巡洋舰"，或较小型的"轻巡洋舰"，或改装后配备鱼雷的"重雷装舰"，或设置导弹飞弹的"导弹巡洋舰"。
驱逐舰	驱逐水雷船（设置水雷的舰船）的舰船。第二次世界大战时主要负责对空、对潜，以鱼雷、水雷及对空炮作为主兵器，但具备航战功能。比轻巡洋舰小，但具备航战功能。
潜水舰	是可以潜入水底的船舰。在军事上，可以侦测连雷达或可视光都难以辨识的水底情势，在敌方难以察觉时趁机击沉敌舰或收集敌方军情。第二次世界大战后，又出现原子能潜水舰，潜水舰的战斗力得到进一步提升。
护航舰	具有对潜、对空之战斗能力，主要任务是补给部队或登陆部队，也保护商船团等。是自帆船时代即存在的军舰，不过随着时代变迁，任务或规模有所不同。

■ 世界主要的战舰

大和型	国籍：日本 / 全长 :263m/ 全宽 :38.9m/ 标准排水量 :65000t/ 机械马力 :153553 马力 / 最高速度 :27.46kt/ 续航距离：最大约 7200 海里

从搭载炮口径（46cm）与排水量看来，属于史上最大的巨型战舰。海军军缩条约后，建舰竞争再度勃发，日本海军为求凌驾于敌方之炮火力与射程之上而制造的军舰。同机型的大和舰于公元 1914 年竣工，武藏则是 1942 年。不过第二次世界大战期间，战术以航空机为主，两舰无机会与假想敌作战，即使到战争后期仍无用武之地，最后武藏舰在伊特海湾战役、大和舰在天一号作战时遭击沉。

长门型	国籍：日本 / 全长 :215.8m/ 全宽 :28.96m/ 标准排水量 :31800t/ 机械马力 :80000 马力 / 最高速度 :26.5kt/ 续航距离：最大约 5500 海里

搭载了当时（公元 1920 年）世界最大口径 41cm 的主炮，是当时最大、最强、最高速的战舰。尽管构造古典，却有着坚强的防御力。同型舰有长门、陆奥，长门舰因担任联合舰队的旗舰，因而成为日本海军的象征。不过在第二次世界大战时并未发挥战力，战败后被美军接收，成为原子弹实验的实验舰，此舰承受了两次原子弹袭击，才终于沉没。

金刚型	国籍：日本 / 全长 :222m/ 全宽 :31.02m/ 标准排水量 :32000t/ 机械马力 :136000 马力 / 最高速度 :30kt/ 续航距离：最大约 10000 海里

是日本第一艘最高速的巡洋战舰。第一艘金刚型是向英国订制，之后日本比照建造了比叡、榛名、雾岛，以此四艘组成第三战队，堪称世界最强，活跃于第一次世界大战。之后，又改造得更近代化，并强化了水平防御力与速度。在第二次世界大战时沦为最老旧的战舰，不过速度仍与航空母舰匹敌，因此还是多次派上战场。

爱荷华级	国籍：美国 / 全长 :270.43m/ 全宽 :32.96m/ 标准排水量 :45144t/ 机械马力 :212000 马力 / 最高速度 :33.0kt/ 续航距离：最大约 16600 海里

美国建造的战舰，设计的概念来自未来的战争是以航空母舰为主要战力的制空权争夺战的理念，因而拥有护卫航空母舰的速度。炮口口径不及大和型，不过准确度凌驾于大和型之上，在第二世界大战时发挥了防空战斗力。战后随着改造，依旧派上用场，在湾岸战争时仍然见其踪影。同型舰共有艾奥瓦、新泽西、密苏里、威斯康星。

俾斯麦级	国籍：德国 / 全长 :252m/ 全宽 :36m/ 标准排水量 :41700t/ 机械马力 :150170 马力 / 最高速度 :28kt/ 续航距离：最大约 9280 海里

德国制造、出现于第二次世界大战的战舰。由于还来不及完成 H 级大战舰随即开战，因此此舰主要负责牵制英国战舰与破坏通商。主炮的炮身长，具贯通力，是速度与防御力兼具的战舰。同型舰有俾斯麦、铁必制，又以俾斯麦战机优良，击沉英国巡洋战舰胡德号、战舰威尔斯亲王号。

尼尔森级	国籍：英国 / 全长 :216.4m/ 全宽 :32.3m/ 标准排水量 :33313t/ 机械马力 :45000 马力 / 最高速度 :23.9kt/ 续航距离：最大约 7000 海里

海军军缩条约后建造的战舰，是第二次世界大战英国运用了 40cm 之战舰。与长门型相较下，偏向攻击力与防御力，因此牺牲了速度。主炮炮塔集中在前方甲板，同型舰有尼尔森、罗德尼。第二次世界大战期间，主要用于护卫运输船队与陆上支援。罗德尼号也参与了俾斯麦号追击战、诺曼底登陆等战役。

战舰

军事

关联

■ 战舰
➡ P109

战斗机

是空中战场展现个人技术、战术、机体性能的主角

【1】第一次世界大战时德国的单翼战斗机。装设有机关枪，属量产，是最初的战斗机。

【2】主翼有两片的飞机，所谓的单叶机是指主翼仅有一片的飞机。

【3】有两个驾驶座位的机种。

【4】以往复式活塞引擎为驱动的飞机。采用螺旋桨驱动飞行，但螺旋桨机种并不等于活塞引擎机种。

所谓战斗机，广义来说是指武装的军用飞行机，原本的主要任务是在空中战场击落敌军飞机。飞机在军事上的价值第一次得到验证，是在第一次世界大战结束后，一开始飞机仅作为侦察机使用，后因要同时对敌方造成妨害，又在飞机上安装了武器系统。由此，诞生了现代意义上的战斗机，而随后福克E单翼战斗机【1】又将其优势发扬光大了。

之后，战斗机的机体不断进化，从木制到全金属制，从复叶机【2】到单叶机，引擎动力也日益强劲。第二次世界大战时得到更进一步发展，速度达500km/h，机体也更灵活轻巧。同时为适应空中战术，陆续出现有后方视野的复座式战斗机【3】，或担任要地防卫、救援、地面攻击等各种任务的战斗机，以纳入编队作战。

第二次世界大战末，还出现以喷射或火箭为驱动力的战斗机，正式从往复式活塞引擎机种【4】进入喷射机种的时代。美苏冷战期间，武器发展蓬勃，甚至研发速度超越音速、拥有诱导式对空导航系统、拥有不易被追踪的隐秘性、可适应各种任务的多元性之战斗机。

战斗机

■ 第二次世界大战时世界主要的战斗机

P-51 野马式战斗机	国籍：美国 / 全长：9.82m / 宽幅：11.27m / 重量：约 3.23t / 最高速度：703km/h / 持续航行距离：最远约 3700km（数据是 P-51D 型战斗机数据）
	拥有轻快的机动性与持久的续航力，是北美公司制造的高速战斗机。其精悍，被德国空军冠上"强大的第八（Mighty Eighth）"之称号。不过，艾利森引擎的高空性能不佳，故多半会再换装引擎。
F4U 海盗式战斗机	国籍：美国 / 全长：10.30m / 宽幅：12.50m / 重量：4.175t / 最高速度：717km/h / 持续航行距离：最远约 2510km（数据是 F4U-4 型战斗机数据）
	是拥有倒海鸥机翼与长机身的美军战斗机。引擎达 2000 马力，具有坚固的机体与卓越的速度，擅长一击脱离战术。搭载炮弹等，即可展开地面攻击。
喷火战斗机	国籍：英国 / 全长：9.12m / 宽幅：11.23m / 重量：2.309t / 最高速度：605km/h / 持续航行距离：最远约 1840km（数据是 Mk-Vb 型战斗机数据）
	拥有平面的大椭圆之主翼，是兼具高速与回旋性能的名战斗机，于不列颠空战中脱颖而出。另外，只要强化引擎或武器，基本上即能在最前线发挥所长。
三菱零式舰上战斗机	国籍：日本 / 全长：9.05m / 宽幅：12m / 重量：1.754t / 最高速度：533.4km/h / 持续航行距离：最远约 3350km（数据是二一型战斗机数据）
	兼具轻量、续航力、回旋性能、上升力的战斗机。通称零战。在回旋格斗战中，拥有绝佳的战力，美日开战以来约一年的时间，该机种皆远胜美军战斗机。不过，设计过于严谨，导致无改良之余地。
川溪紫电改	国籍：日本 / 全长：9.37m / 宽幅：11.99m / 重量：2.657t / 最高速度：644km/h / 持续航行距离：最远约 2.392km（数据是二一型战斗机数据）
	紫电，是指将水上战斗机强风改为陆地战斗机，而改良的二一型则称为紫电改。为第三四三海军航空队所有，担任国土防卫任务，在战绩上，被视为零战的后继。
梅塞施密特 Bf 109	国籍：德国 / 全长：9.02m / 宽幅：9.92m / 重量：2.67t / 最高速度：621km/h / 持续航行距离：最远约 720km（数据是 G-6 型战斗机数据）
	以威廉·梅塞施密特为首的设计团队所开发的机种，轻巧的机体搭载高动力的引擎，属高速度的战斗机。是埃里希·阿尔弗雷德·哈特曼等杰出飞行员的爱用机。

■ 世界范围内知名的空战之王们

时期	姓名	所属	击落数	说明
第一次世界大战	曼弗雷德·阿尔布雷希特·冯·里希特霍芬男爵	德国陆军	80	在第一次世界大战中保持最高击落纪录的飞行员。由于他将飞机涂成红色，又被称为"红色男爵"。
	恩斯特·乌德特	德国陆军	62	是里希特霍芬男爵率领的第一战斗航空大队的中队长，也是从大战中存活下来的飞行员中击坠率最高者。
	马克斯·英麦曼	德国陆军	15	活跃于北法前线，他发明了"英麦曼机动"战术，在急跃升的最高点时反转，回到起初的方向，从敌机上方攻击。
	雷内·丰克	法国空军	75	驾驶笨重的高德隆 G4 击落敌机后，即被编入飞行员部队，据说其击落数未公开，恐怕远超过里希特霍芬男爵。
	雷蒙·科洛士	英国海军	61	将机体涂黑，属于加拿大人部队的一员，曾数度与里希特霍芬男爵交战。
	比利·毕晓普	英国海军	72	加拿大人，半年内击落数达 45，获颁维多利亚十字勋章。
	阿尔伯特·博尔	英国海军	44	发明从敌机后方的死角攻击的战术，被选为迎战里希特霍芬男爵的驱逐战队队长，但不幸战死。
	爱德华·曼诺克	英国海军	73	尽管右眼近乎失明，击落数仍高达 73。纵使敌机故障飞行员紧急跳伞，他仍毫不留情地射击。
第二次世界大战	维尔纳·莫尔德斯	德国陆军	101	在西班牙内战时，发明了以 2 机 1 组为单位的战术。1941 年成为历史上首位击落数 100 的王牌飞行员。
	埃里希·阿尔弗雷德·哈特曼	德国陆军	352	是击落数、击坠率皆世界第一的击落王。他驾驶着机首两侧绘有黑色郁金香的战斗机，因而被称为"黑色恶魔"。
	汉斯·约阿希·马尔塞	德国陆军	158	是德军进出北非沙漠时的支柱，击落的英美机不计其数，又被称为"非洲之星"。
	西泽广义	日本海军	143	属于台南空军，活跃于激战区的拉包尔。公元 1943 年获颁击落 100 机的奖状。战后，被评价为"拉包尔的魔王"。
	岩本彻三	日本海军	约 150	尽管驾驶旧式零战，却拥有精湛的技术，在激战地拉包尔屡战屡胜。他的救生衣背面写着"零战虎彻"。
	菅野直	日本海军	25	发明大型爆击机战法，战术大胆又有战绩。他驾驶的战斗机机身绘有黄色条纹，因而有"黄色战士"之昵称。
	穴吹智	日本海军	51	又被称为"缅甸的桃太郎"。是飞行第 50 战队三羽鸟的一员，驾驶的战斗机取名为吹雪、君雪。
	理查·邦克	美国陆军	40	堪称美军中击坠比数第一，属西南太平洋战线，驾驶着闪电战斗机与日本军机对战。
	弗朗西斯·斯坦利·加布莱基斯	美国陆军	28	是欧洲战线中美军的击落王。驾驶着雷霆战斗机，拥有击落数 28 的战绩。而后，也参与了朝鲜战争。

战斗机

军事 · 治安 · 犯罪

手势信号

关联

■ 军事组织
➡ P097
■ 警察组织
➡ P103

交谈以外的沟通手段

【1】是为执行反恐行动等机密性强且较艰巨的作战任务时，特别编制的部队。不仅限于军队，美国的"SWAT"（特殊武器与战术部队）或日本的"SAT"（特殊急袭部队）等都是隶属于警察组织的特别部队。

连续剧或电影等，尤其是国外制作的，当剧情涉及特殊部队【1】或警察突袭等场景，经常可见领军的士兵挥动手臂或手指以指示其他的士兵。事实上，这是突袭时借由手指或手臂的动作打出手势信号，目的在避免犯人或目标物察觉的情况下实现沟通，在充满枪声、炮弹声或坦克车行驶声的嘈杂慌乱战场，比起说话沟通，此举也更能确实传达讯息。尽管在已有类比信号的现今，手势信号由于其高实用性，仍广为军队等使用。

随着部队或集团的不同，手势信号也各有不同，不过仍有某种程度的相通性，只要了解基本手势，其实就能看懂电影或连续剧里的那些场景，也更能融入剧情中。

手势信号是指"以手臂或手指做出动作"，因此手语也是一种手势信号。另外，"V手势"或竖起大拇指的"赞手势"也是手势信号，当然其中也有些手势有侮辱意味。还有，相同的手势信号，在不同国家也有不同的解释，例如先前提到的V手势，在希腊带有侮辱含义，因此在国外使用时应小心谨慎。

手势信号

■ SWAT 的代表性手势之含义

你	我	来	不要动

停止	快点	看着	集合

来这里	敌人	了解	不懂

蹲下	攻击	门	窗户

军事 · 治安 · 犯罪

无线电通话密码

关 联

■ 军事组织
➡ P097
■ 战斗机
➡ P111

为确实传递讯息的手段

【1】最初的通话表制定于1927年，由于发现问题，故1951年再修改，并沿用至今。

【2】即航空交通管制，为确保航空飞机的安全，地面上会予以航空交通的指示或讯息。由于通用语言是英语，所以使用的是英语的无线电通话拼写字母。

所谓的无线电通话密码就是"通话表"【1】，是在无线电通话时，为正确传递重要文字或数字，采用的国际标准截头表音规则。因为过去的无线电通话音质不佳，容易听错或听不到。为解决此困扰，遂取发音的词汇之截头字母，以单字母表达。举例来说，若以无线电通话密码表达"pen"这个词，即是"papa"的"p"，"echo"的"e"，"November"的"n"。如此一来，即使通话者带有口音，或发音不正确，也能正确无误传达出"pen"。若仅是闲聊，当然不需要如此慎重，但如果是军事情报，一旦有误恐怕是人命关天，自然必须谨慎。

在外国电影里经常可见的军队命名，有时军队也会以无线电通话密码的顺序来编制。英语的无线电通话密码，也被运用在世界各国的"航空管制"【2】上，堪称世界级标准，不过包含日本在内的各国，仍有其独有的无线电通话密码。

无线电通话密码

组织

共济会
～主要的秘密组织～

关联

■ 黄金黎明协会
➡ P126
■ 蔷薇十字团
➡ P145

犹如秘密组织的代名词

【1】对外，构成的人数、目的或活动等都是保密状态，或是本身的存在就是一种隐秘状态的团体。不限于神秘学，也有政治上的秘密组织。广义来说，只要活动目的不明的团体皆可称为秘密组织。

【2】偶尔听到以"Freemason"称呼共济会，但其正确的名称是"Freemasonry"，"Freemason"则是指所属的会员。

"部分团体在暗处操控整个世界"，所谓的阴谋论直至今日仍耳语不断。而在阴谋论的话题中必然会提及的就是"秘密组织"【1】，其中最具有代表性的是共济会【2】。该组织有300万名以上的会员，号称是世界最大规模的秘密组织，被称为"会所"的据点也存在于日本。其源起众说纷纭，据说最初是中世纪欧洲的石匠组织的工会。

秘密组织予人以神秘且诡异的印象，但这似乎与共济会的实际状况并不吻合。其官方网站标榜"一个促进其成员不同特点与个性相互交流，使优秀的人们变得更好的团体"，会员可以选择是否公开自己的身份。另外，组织的具体活动内容虽未公开化，不过也从事经营学校、医院或保护照顾孤儿与老人的设施，并予以此类机构资金上的援助。

经由这些善举，人们深信共济会是慈善团体，但它仍具有某种程度的隐匿性，不可否认是股神秘且不容忽视的势力。尤其对天主教教会来说，长久以来彼此的对立颇深，加入共济会者会遭到教会开除处分。另外，共济会会员多是具有社会影响力的人物。

■ 共济会的著名成员

阴谋论认为，历史上的重要事件都与共济会脱不了干系。造成这样的印象，实在是因为其诸多成员皆是在社会上具有影响力之人物，依据资料或文献推测下表所列为共济会成员的著名人物。

姓名	国籍	人物细节
亚瑟·柯南·道尔	英国	小说家，其著作出现了共济会。
亚历山大·汉密尔顿	美国	政治家，是美国独立的功臣。
安东尼奥·萨里耶利	意大利	作曲家。
沃尔夫冈·阿玛迪斯·莫扎特	奥地利	作曲家、演奏家。
爱德蒙德·伦道夫	美国	第一任美国司法官。
卡美哈梅哈四世	美国	第四任夏威夷国王。
卡里欧斯特罗	意大利	又称为卡里欧斯特罗伯爵，是炼金术师。
肯特公爵爱德华王子	英国	英格兰联合总会所的领导者。
乔治·华盛顿	美国	第一任美国总统。
约翰·亚当斯	美国	第二任美国总统。
西尔维奥·贝鲁斯柯尼	意大利	第 74、79、81 任意大利首相。
狄奥多·罗斯福	美国	第 26 任美国总统。
泰·柯布	美国	MLB（美国职棒大联盟）选手。
道格拉斯·麦克阿瑟	美国	美国陆军总司令。
托马斯·杰斐逊	美国	第三任美国总统。
拿破仑·波拿巴	法国	法国的军人，也是法兰西第一帝国的皇帝。
彼得一世	俄国	第一任俄国皇帝。
法兰兹一世	奥地利	神圣罗马帝国皇帝。
本杰明·富兰克林	美国	物理学家、气象学家、政治学家。
亨利·诺克斯	美国	第一任美国陆军长官。
亨利·福特	美国	企业家，福特公司的创立者。
马修·佩里	美国	美国海军军人。
约翰·戈特利布·费希特	德国	哲学家。
约瑟夫·鲁德亚德·吉卜林	英国	小说家、诗人。
利奥波德·莫扎特	德国	作曲家、小提琴家。

共济会～主要的秘密组织～

■ 活跃于世界各地的秘密组织

除了共济会之外，世界各地还有许多秘密组织团体。既有像共济会这样知名度比较广的组织，当然也有除了组织名，根本不知内部情况的谜样组织。下列表格仅概略地介绍了这些知名的秘密组织团体。

名称	概略
爱尔兰共和国军	通称 IRA。是主张北爱尔兰独立的激进组织，成立于 1916 年。
阿尔斯特志愿军	成立于 1913 年爱尔兰的武装部队，与 IRA 齐名，都是激进的恐怖组织。
阿萨辛刺客团	活跃于 11—13 世纪穆斯林地区的暗杀组织。
光明会	1776 年成立于德国，以守护人类和平为目的，但不断与阴谋论画上等号。
威卡教	成立于 20 世纪后期，是吸取古凯尔特德鲁伊魔法的巫术宗教。
巫毒教	于海地发展的土著宗教，以诅咒尸体为僵尸而闻名。
伍斯特	20 世纪初期克罗埃西亚民族的组织，为反对塞尔维亚民族优越主义而组成。
维利协会	20 世纪初期成立于德国，目的在探索地底世界与超维利能量。
英国蔷薇十字会	1867 年成立于英国伦敦的魔法组织，而后又发展出黄金黎明协会。
黄金黎明协会	1888 年成立于英国伦敦的魔法组织，奠定了近代西方魔法的基础。
黄金蔷薇十字团	1710 年成立于德国的魔法组织，在腓特烈二世的庇护下拥有极大的势力。
斧之会	1860 年成立于俄国的学生组织，因发生成员谋杀事件而解散。
蒙面披风	1935 年成立于法国，主张法西斯主义的极右派组织，背叛者都会遭到死亡制裁。
卡塔雷斯派	12 世纪成立于法国南部，属基督教的异端，主张禁欲生活。
烧炭党	19 世纪成立于意大利，基于自由与平等的理想支持革命运动，目的在于统一意大利。
救济同盟	19 世纪成立于俄国，计划暗杀尼古拉一世，但失败，组织随即遭到消灭。
断头台社	大时代后期的日本恐怖组织，策动并执行暗杀陆军大将或引发爆炸等事件，引起东京市民的恐慌。
银之星	魔法师阿莱斯特·克劳利创立的魔法组织，研究各种领域的魔法。
三 K 党	又称 KKK。1865 年成立于美国，是奉行白人至上主义的组织，也是鼓吹种族差别待遇的组织。
灵智派	源自古欧洲，是由基督教分离出来的思想团体，比起信仰，更相信灵智。
库姆兰教派	约 2000 年前犹太教的一派，据说留下了《死海古卷》。
伟大的白人兄弟会	相信神智学的宗教组织，借由与超自然交流获得知识，以领导全人类。
玄洋社	1881 年成立于日本的组织，主张自由民权主义，支持亚洲诸国独立。
古代密仪宗教	信仰古凯尔特或古罗马时代的各种原始宗教。
三百人委员会	据说在各秘密组织中处最高位阶，常见于阴谋论，不过实况不明。
四季之会	19 世纪由法国革命家路易·奥古斯特·布朗基成立的组织，目的在于集结市民的力量进行武力革命。
真言立川流	成立于平安时代的密教。以性交顿悟成佛，因而被视为淫乱邪教而遭到镇压。
神智学协会	1875 年成立于纽约的神秘主义团体，通过研究灵性的世界，以获得神的智慧。
人智学协会	20 世纪初期鲁道夫·史代纳在欧洲成立的组织，据说他拥有灵视能力。
司科蒲奇教派	源起于俄国的宗教团体，为了禁欲不惜割掉自己的性器，拥有严苛的教义。
伟大的马斯特里	19 世纪的意大利政治组织，与拿破仑家族有所勾结，目的是建立共和制国家。
欧洲青年	1834 年成立于瑞士，企图影响向欧洲诸国渗透民族主义思想。

共济会～主要的秘密组织～

续表

名称	概略
密宗派	7 世纪源于印度教的一派，主张通过密修成佛的秘密教派。
秩父国民党	明治时代于埼玉县集结穷困农民的组织，以救济农民为号召，而后引发秩父事件。
柴可夫斯基团	1869 年创立于俄国，促进农民们的自立，不过最后失败，进而溃散。
图勒协会	1918 年成立于德国的邪教组织，主张反犹太主义，也因而衍生出纳粹党（P151）。
东方圣殿骑士团	19 世纪末创立于德国的魔法组织，引进东方的性魔法。
德鲁兹派	叙利亚的少数民族德鲁兹信仰的伊斯兰教的一个分支，被大部分伊斯兰教派视为异端。
土地与自由	1860 年成立的组织，因暗杀俄皇亚历山大二世，遭到镇压。
蔷薇十字玫瑰团	1888 年成立的魔法组织，与其他组织竞争时，试图以法术暗杀对手。
蔷薇十字团	据说成立于中世纪，实况不明，不存在的可能性极大。
宪法之友协会	1795 年成立于法国，提倡平等，遭到政府镇压。
鞭打派	成立于 17—18 世纪，是基督教的异端派组织，格里高利·叶菲莫维奇·拉斯普京也是其中的一员。
马丁主义教团	19 世纪成立于法国的魔法组织，企图借由内省与祈祷，回归灵性之道路。
水户天狗党	幕府末成立于水户藩的组织，因暗杀井伊直弼，被视为尊王攘夷的一派。
立方石团	1960 年成立于英国的魔法组织，专门研究西方仪式魔法、以诺魔法等。

共济会 ～主要的秘密组织～

军事 · 治安 · 犯罪

关 联

■警察组织
➡ P103

黑手党

活跃于暗地里的犯罪组织

【1】为了区别纽约的意大利裔犯罪组织的最高领袖，也是黑手党史上最知名人物查理·卢西安诺成立的组织，设立了这样的称呼。因为查理·卢西安诺招收成员不问种族，为了有所区别，此名称通常指的是成员来自意大利西西里的犯罪组织。

【2】1899—1947年。正式的名字为"阿尔方斯·加布里埃尔·卡彭"。干禁酒令时代的美国，贩售私酿酒而致富。

所谓黑手党，是指存在于世界各地借由暴力或非法行为维生的犯罪组织集团。原本专指出身于意大利南部西西里的犯罪集团，不过现在多半泛指所有的犯罪集团。关于其源起众说纷纭，有一说是9世纪为抵挡阿拉伯的渗透而组织的集团；另一说则认为19世纪初期拿波里王室为逃避拿破仑的袭击逃到该岛，是形成该组织的契机。

无论哪种说法，总之黑手党起源于西西里是一个通常的认知。而后，部分黑手党移民去了美国，进而发展成了西西里黑手党【1】等美国黑手党派别。另外，提到美国黑手党，最有名的是阿尔·卡彭【2】，他虽是意大利裔，但其双亲来自拿波里，并非西西里，他也未加入黑手党。因此，人们多称呼阿尔·卡彭为黑帮，而不是黑手党。

黑手党的各组织被称为家族，原则上一个城市有一个家族，不过在黑手党成员众多的纽约，仅是美国黑手党就齐聚了五个家族（博南诺家族、杰诺维塞家族、甘比诺家族、卢切斯家族、科洛博家族），称为"五大家族"。

黑手党

■ 黑手党组织与戒律

　　黑手党的家族以老板为首，形成金字塔形构造，老板之下是小老板，再下面是多位的头目（干部），每个头目各有领军的士兵（成员）。另外，老板身旁还有顾问，多由律师或因年老退休的老板担任。

黑手党的十诫

① 除非第三者在场，否则不得单独与其他组织成员会面。

② 不得染指家族成员的妻子。

③ 不得与警察等相关人士建立友谊。

④ 不得流连酒吧或社交圈。

⑤ 身为黑手党，随时都必须做好开始工作的准备，纵使是妻子生产时，也必须为了家族全力以赴。

⑥ 绝对遵守约定。

⑦ 必须尊重妻子。

⑧ 当家族需获知某情报时，必须据实以告。

⑨ 不得夺取家族成员，乃至其家人的金钱。

⑩ 不与警察或军方相关者、对家族背信者、素行极端恶劣者、毫无道德者结拜为兄弟。

一般的黑手党组织图

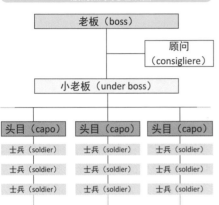

■ 世界各主要的犯罪组织

西西里黑手党
源起于西西里的组织，堪称黑手党的源头，为了区别于现在统称的黑手党，被称为西西里黑手党，共有186个组织，4000名成员。

意大利黑手党
称为黑手党的组织共有约170个，称为克莫拉的约130个，称为光荣会的约150个，称为圣冠联盟的有30个，这些与西西里黑手党并称为意大利的"四大黑手党"。

俄罗斯黑手党
俄罗斯的犯罪组织，其国内的组织数达5000个以上，成员共计10万人以上，因此拥有不容小觑的势力。

美国黑手党
以纽约的五大家族为首，芝加哥、达拉斯、圣路易斯、费城等地计有20个以上的家族，成员约2000人，其人数足以匹配一个企业或工会。

毒品卡尔特
制造贩售毒品的组织。其中又以哥伦比亚的麦德林集团或卡利集团最为知名，不过在美军的扫荡下，麦德林集团几乎遭到消灭，另外许多卡利集团的干部也遭到逮捕，因而近来势力衰微。

韩国黑手党
共有约300个组织，成员数达7000人。主要的活动是恐吓游乐场所或经营赌场，近年来也与海外的犯罪组织携手，趋向国际化。

日本黑手党
就是所谓的暴力集团，都道府县公安委员会指出，日本规模最大的暴力集团为兵库县的山口组（约5200人），东京都的住吉会（约3100人）、稻川会（约2500人）等，计有22个组织团体。

黑手党

历史

History

历史 · 神秘

关联

■军事组织
➡ P097
■间谍
➡ P107

伏尼契手稿

至今仍未能解开谜团的手稿

【1】1552—1612年。是哈布斯堡王朝的神圣罗马皇帝，在位时间为1576—1612年。在政治方面缺乏手段，不过是个热爱艺术的文化人。因特别保护艺术或学问知识，吸引众多艺术家前来，并为帝国的首都布拉格缔造前所未有的文化荣景。

这世上，未能解开谜底的奇书非常繁多。其中足以列为最难解之首位的，恐怕是《伏尼契手稿》。这本手稿在1912年被意大利的旧书商伏尼契发现，因而被称为《伏尼契手稿》。

以羊皮纸装订的这份手稿，现存约240页中尽是未知文字，其中又有彩色插图，不过许多都被视为非现实存在物，也有许多甚至不明是何物。但是，愈想解开谜底也愈让此手稿充满令人想一窥究竟的魅力，所以至今研究者依然不懈地解析。例如，研究者利用暗号文字的语言学统计技巧进行分析，结果终于发现某些具有意义的文句。

另外，2011年亚利桑那大学用放射性碳定年法检测，发现手稿使用的羊皮纸是1404—1438年之物。历史上，此手稿在1582年曾被波希米亚王鲁道夫二世【1】购得。

哇啊

我读懂了

你拿反了吧

伏尼契手稿

历史 · 神秘

密码机

关 联

■ 间谍
　　　　➡ P107
■ 纳粹党（民族社会
　主义德国工人党）
　　　　➡ P139

德国纳粹引以为傲的密码机

【1】 长34cm， 宽 28cm，高15cm。从 旧照片中可看到德军 在户外使用密码机的 模样。

　　一直以来，各国军队或间谍等交换情报之际，特以暗号传递，纵使敌方拦截也难以解读。密码机，就是以第二次世界大战期间德军使用的机器，这些由密码机不断置换得到的暗号，又以难解而闻名。因而原文的 "Enigma"，也意味着"谜"。

　　密码机的结构，是将字母以不规则置换，所以纵使打入相同内容的电文，随着置换，也能变换不同的暗号。最初，密码机是民间贩售的机器，而后被军方相中，终于变成德军的利器。

　　军用的密码机经过改良，可达到88位数的庞大文字置换数。直到第二次世界大战期间，依然不断改良。从此体积变小【1】，并且可以充电运作，更便于随身携带。

　　最后，德军策划的以战车为主轴的机械化部队，以及空军主导的闪击战战术，皆让密码机得以派上用场。

密码机

组织

黄金黎明协会

关联

■共济会
~主要的秘密组织~
➡ P116

兴盛于 19 世纪的魔法协会

【1】1848—1925年。黄金黎明协会的创立者，当时他在伦敦担任法医。为了掌控协会，不惜捏造与安娜·施普伦格尔的来往信件，埋下内部纷争的种子。

【2】1828—1891年。是黄金黎明协会成立时的成员之一，也担任英国蔷薇十字会第二届会长。由于1891年死去，几乎未经手协会的营运等。

【3】1854—1918年。本名为塞缪尔·利德尔·马瑟斯。是确立近代西方魔法仪式之人，也是闻名世界的魔法师。

【4】1907—1985年。是20世纪最知名的神秘学家莱斯特·克劳利的弟子，后来两人决裂，伊斯瑞·瑞格德进入了黄金黎明团下属的"晓之星"协会。

在各种秘密组织中，又以魔法教义为主要信仰的神秘学组织居多。黄金黎明协会，创立于19世纪末的英国，是以魔法为主的秘密组织，由威廉·伟恩·威斯考特【1】、威廉·罗伯特·伍德曼【2】、麦葛瑞格·马瑟斯【3】三人所创立。其教义是经过漫长时间秘密完成的，1938—1940年神秘学家伊斯瑞·瑞格德【4】耗时完成的《黄金的黎明》一书，揭露了该协会的魔法学讲义。

该组织最初集结了具备神秘学知识的同好者，纯属分享喜好。但最后由麦葛瑞格·马瑟斯掌握实权，逐渐转变为实际操作魔法的团体。

随着麦葛瑞格·马瑟斯的改革，组织结构有了重大的转变，全盛期甚至有超过百名以上的会员，黄金黎明协会的声名远播，却也带来内部的纷争，最终使协会走向瓦解。

黄金黎明协会

关 联

■ 圆桌骑士
~亚瑟王传说~
➡ P021
■ 圣殿骑士团
➡ P138

历史

骑士团

跃上文学作品的西方战士们

【1】中世纪的欧洲，随着基督教势力的扩大，开始对伊斯兰教诸国展开大规模的武力行动。主要目的是夺回圣地耶路撒冷，当然其行为还包含了侵略埃及或突尼斯。

所谓骑士团，顾名思义，是骑士们组成的团体。而骑士，指的是中世纪欧洲的战士。

一般人对骑士团的印象，应该是国王或诸侯手下的骑士们组成的军事战斗组织。在5—6世纪，骑士主要隶属于法兰克王国，因为当时的欧洲几乎在其支配下，骑士团也成为扩大王国版图的原动力。然而，王国还是走向分裂，随着版图势力的缩小，骑士团被逐渐消灭殆尽。而后，11世纪末出现的是基督教修道院成员组成的骑士团，任务是收回圣地耶路撒冷与保护朝圣者，他们参与十字军东征【1】并担任了军事任务。所以若以历史学观点来说，所谓的骑士团指的是后者。

另外，骑士团也经常出现在文学作品中，这些文学作品讲述了骑士制服坏人或怪物，最后赢得美人归的故事。14世纪开始，深受《亚瑟王传说》等骑士文学作品影响的国王或诸侯们，为了提高自身的名声，也召集骑士组成骑士团。不过，当时骑士团的任务不再是达到军事目的，骑士团成员近似名誉职位。

■ 世界主要的骑士团

名称	创设时间	概略
圣约翰骑士团	1070 年	起源于意大利的商人,在耶路撒冷的圣约翰修道院附近设立朝圣者住宿所。1113 年立名骑士修道会,并获得认可。
圣殿骑士团	1118 年	第一次十字军东征后,为保护朝圣者而设立的骑士团,1128 年获得认可。与圣约翰骑士团并驾齐驱,同为十字军东征而战。
德意志骑士团	1128 年	第三次十字军东征后,起因是为远征的德国人而设立的医院修道会。1224 年,以马尔堡为据点,成立了德意志骑士团。
阿维斯骑士团	1147 年	葡萄牙国王阿方索一世设立的骑士团。与其他国家的骑士团相较,规模较小,因此后来犹如卡特拉瓦骑士团的分支。
卡特拉瓦骑士团	1158 年	是卡斯提亚王国的熙笃会旗下的骑士团,1164 年获得认可。参与伊比利亚半岛的各战役,赢得胜利。
利沃尼亚骑士团	1202 年	发迹于利沃尼亚的骑士团。尽管征服了利沃尼亚地区,但对异教徒过度镇压,遭到反抗,最后势力衰微。1237 年被并入德意志骑士团。
圣拉萨路骑士团	4 世纪	源起于 4 世纪在凯撒利亚设立的医院,而后形成骑士团。13 世纪势力遍及法国、英国、西班牙、德国等欧洲各国。
圣地亚哥骑士团	12 世纪	12 世纪成立于伊比利亚半岛的骑士团。与卡拉特瓦骑士团并驾齐驱,活跃于伊斯兰教文化圈。直至 16 世纪,被并入卡拉特瓦骑士团。
嘉德骑士团	14 世纪	成立的经过众说纷纭,据说成立于 1344 年或 1348 年的英国,骑士团名称的由来,是入会团员将获得嘉德勋章。
巴斯骑士团	1399 年	亨利四世成为英王之际成立的骑士团。英语名是 "bath"。1725 年制定了骑士团勋章,现在依然册封颁发勋章。
金羊毛骑士团	1430 年	由法国菲利浦公爵设立的骑士团,其原本的目的在于守护天主教。现在西班牙的勋章也继承了这一名称。
龙骑士团	1408 年	由匈牙利国王西吉斯蒙德成立的骑士团,目的在守护匈牙利王室与基督教,随着西吉斯蒙德的死去而式微。

骑
士
团

历史

关 联

《三国志》

记述三国鼎立的历史巨著

【1】是三国时代终结后，在西晋时期完成的历史书。以"××传"的形式叙述每位人物。

【2】写于元末明初。关于作者众说纷纭，现在主流说法认为作者是罗贯中。

距今1800年前，中国出现了"魏""吴""蜀"三国之争，也就是日本人也耳熟能详的"三国"时代，许多日本人听过刘备、曹操之名，或是"赤壁之战"。

东汉末年，当时皇帝的势力衰微。基于此，出现了有志复兴汉王朝者、挟皇帝之名企图握有权力者、企图击溃王朝者，形成彼此相互较量的局面。三国时代初期，犹如日本的战国时代，是群雄割据的战乱时代，经过些时日才真正进入三国鼎立阶段。《三国志》中，出现了诸多武将，这些个性独特鲜明的人物，也是《三国志》让人爱不释手的原因之一。

话说《三国志》，其实又分为记载史实的正史《三国志》【1】，以及以蜀国刘备等为主角的《三国演义》【2】。后者是小说，与历史书上的正史不同，过去相关的虚构类作品也都是参考此书创作。在日本，从二战前到战后，以吉川英治改编的《三国志》和对此后文漫画化的横山光辉之作品最为有名。另外，由《三国志》又衍生出不少民间故事，这些故事和《三国演义》中出现了诸多正史未有的独特人物。

■《三国志》中的主要武将

所属	名字（字）	说明
魏	曹操（孟德）	封公称王，是奠定魏国基础的实力者。
	夏侯惇（元让）	曹操信赖的独眼武将。
	张辽（文远）	拥有超人的武力，堪称魏国五大将军之首。
	许褚（仲康）	犹如曹操贴身保镖的武将。
	乐进（文谦）	赴战场必然率先挺身的勇将。
	于禁（文则）	其率领的部队具有严格的纪律。
	司马懿（仲达）	是与诸葛亮齐名的谋略高人。
	荀彧（文若）	有"王佐之才"美誉，是辅佐曹操的智谋武将。
吴	孙权（仲谋）	在兄长孙策死后，成为复兴吴国的年轻诸侯。
	周瑜（公瑾）	智勇兼备又具美貌，有"美周郎"之誉。
	黄盖（公覆）	自孙坚开始，其三代皆辅佐吴国。
	鲁肃（子敬）	周瑜死后，继续守护吴国。
	吕蒙（子明）	最初仅有武勇，靠着自修，赢得智谋。
	陆逊（伯言）	年轻即极具才能，在讨伐关羽之役中脱颖而出。
	孙坚（文台）	奠定了吴国的基础，但中途即遭到暗杀。
	孙策（伯符）	继承父亲孙坚遗志，与周瑜等人拓展吴国势力。
蜀	刘备（玄德）	是旨在复兴汉朝，于各地召集人才的蜀国开国皇帝。
	关羽（云长）	堪称军神，与刘备、张飞为结拜兄弟。
	张飞（益德 *）	拥有惊人的武力，但也因嗜酒而误事。
	诸葛亮（孔明）	又称"卧龙"，在政治、军事上辅佐刘备。
	赵云（子龙）	具胆识，为救阿斗，在长坂坡七进七出。
	黄忠（汉升）	即使年过 70 岁，仍是活跃于战场的老将。
	马超（孟起）	因战场的勇猛，而被誉为"锦马超"。
	庞统（士元）	有"凤雏"的名号，是刘备的有名军师。
其他	吕布（奉先）	刚健勇猛却傲慢，最后败给曹操。
	董卓（仲颖）	以保护皇帝之名挟持朝廷，最后败给吕布。
	袁绍（本初）	出身名门，率领军队讨伐挟持朝廷的董卓。

※在《三国演义》中是"翼德"。

历史

锡安长老会纪要

成为噩梦开端的捏造文书

【1】所谓的"锡安主义",是基于"对犹太人来说,应在故乡的耶路撒冷建国"之理念所举办的犹太人会议。第一次举办于1897年的瑞士,会议中论及具体的再建国之程序与如何取得各方之同意等。

【2】原本是犹太教的宗教用语,有"大虐杀""大破坏"之意。现在,则是指第二次世界大战期间,德国纳粹对犹太人的大虐杀。

《锡安长老会纪要》,是第一次锡安主义大会【1】发表的锡安24位长老之决议书。内容是犹太人为征服世界,在暗地里支配世界,而秘密举行会议的会议记录,不过现在已被认定为伪造之文书。该文书多取自毛里斯·若利揶揄拿破仑三世的反民主政策而写的《马基雅维利与孟德斯鸠在地狱的对话》。据说那是十月革命前的俄罗斯帝国秘密警察,为了转移国内政局的矛盾所做之事。

这份捏造文书又被称为"协定书",于俄国出版,后来也被翻译为各国语言,以激发反犹情绪。不过,1921年英国《泰晤士报》披露其为捏造后,也平息了各国的骚动,仅有德国并非如此。纳粹党承认是伪造文书,却认为内容适用于犹太人,利用该协定书作为反犹太主义之根据。结果,德国的反犹太主义高涨,也牵涉之后的"大屠杀"【2】。因此,《锡安长老会纪要》堪称"史上最恶劣的伪造文书""史上最低级的伪造文书"。

锡安长老会纪要

■ 历史上的伪造文书

《君士坦丁献土》
8 世纪 / 罗马

是中世纪最高级别的伪造文书。内容提及罗马皇帝君士坦丁一世因疾病治愈，以此文书证明把领土献给教会。由于该文书属于一级资料，在遭遇各种问题时，教会即以此作为有利的证据。直至 16 世纪才被认定为伪造。

《腓尼基史》
19 世纪 / 德国

弗里德里希·华根菲尔德以古腓尼基语写的伪腓尼基史。真正的腓尼基史已佚失，仅有部分因为他书所引用故还留存着。根据这些少量的资料，作者竟写出了共九册的《腓尼基史》。

《希特勒日记》
20 世纪 80 年代 / 德国

西德杂志 Stem 宣称发现希特勒于 1932—1945 年所写的日记，并刊登。而后德国警察公布，尽管为取得此日记，记者耗费庞大金额，但它其实是伪造的。

《爱因斯坦的预言》
20 世纪 50 年代~ / 日本

传言为爱因斯坦的发言。其主要内容是爱因斯坦对日本的赞誉，并预言日本会成为世界政府之盟主。但在 2005 年证实，爱因斯坦从未有过类似发言。

《五轮书》
17 世纪 / 日本

"天下第一的大剑豪"宫本武藏所著的兵法书。尽管《五轮书》在现代也是很受欢迎的书，但由于其原本已烧毁，各个抄本间内容有诸多不同，且很多记述基于武藏死后才流行的价值观，故有人认为《五轮书》是武藏弟子之作。

《福泽心训》
19 世纪 / 日本

所谓福泽心训，是福泽谕吉的七则教训。实际上是谁所写的，已不得而知，不过确定是伪造的。内容提及拥有贯彻一生的工作是伟大的，或说谎是可悲的。总而言之，是劝世之训诫。

《万岁三唱令》
20 世纪 90 年代 / 日本

所谓万岁三唱令，是号称太政官公布的日本万岁三唱之仪法，20 世纪 90 年代出现于官公厅，内容以明治十二年四月一日实施的太政官布告第 168 号之文体书写，指出高呼万岁时必须两手高举往上，同时右脚跨前半步。

《东日流外三郡志》
20 世纪 70 年代 / 日本

《东日流外三郡志》是战后在青森县和田家的屋顶发现的古书。内容提及古代津轻地方之民族曾受日本朝廷镇压的历史，及其文明。不过由于笔迹与发现者相同，再加上其他证据，之后被证明是伪书。

《死海古卷》

促成阴谋论的 20 世纪之最大发现

【1】在《圣经·旧约》中又称之为"盐之海""阿拉伯的海"等，传说遭神毁灭的城市索多玛与蛾摩拉，即是沉入死海。总而言之，死海与犹太基督教的渊源颇深。

【2】犹太教系的教派之一，《死海古卷》中也出现库姆兰文书。该教派强调严格的戒律与纯净的生活。

位于中东约旦的盐湖，由于盐分浓度高，除了部分的浮游生物外并无其他生物，故被称为"死海"【1】。1947年以后，在死海附近的洞窟发现9000册以上的书卷。内容是以希伯来语书写的《圣经·旧约》、与其相关之文书、库姆兰教派【2】的规则或仪式。这些文书被认为比过去发现的最古老之《圣经》相关文书还要年代久远，约莫是公元前的时代，堪称"20世纪最大的发现"。因此，依发现地将其命名为《死海古卷》。《死海古卷》无论是从历史的角度还是从宗教的角度来看都是很有价值的，尤其是其中关于初期基督教的相关预言，得到关联方颇多关注。因此，也吸引了阴谋论者和神秘学主义者的关注。

阴谋论者认为"关于该古卷的调查迟迟未公开，是因为天主教会有所隐瞒"。推测《死海古卷》的内容有不利于现在基督教的《圣经》或教义的内容。当然也因毫无根据，而遭到议论。在神秘学方面，则认为内容出现启示、预言或暗号等。

这些古卷中，还出现了标示财产所在地的铜板，这些内容也引发了种种猜测。

■《死海古卷》发现的经纬

1. 1947年春，在死海西侧的库姆兰地区，由阿拉伯游牧民族的牧羊少年们发现。

2. 辗转流落于当时的鞋匠、叙利亚东正教大主教、考古学家等人之手，最后起初发现的7份文书则归以色列所有。

3. 库姆兰洞窟归约旦政府所有，所以约旦政府也对该地区展开了调查，截至目前，共在11处洞窟发现了870份以上的古文书。

■《死海古卷》最具代表性的内容

《圣经·旧约》的手写本	发现《圣经·旧约》共24卷中23卷的内容。比起当时的版本还早了千年以上。
犹太共同体宪章	堪称初期基督教团体相关的重要资料，内容提及犹太人集团的规律等。
战争的记载	记录者提及了末日论。除了世界末日之战，也记述了实际的战争。
铜板的书类	记载了藏于耶路撒冷神殿的宝藏所在处。不过最后并未找到宝藏，也许已被取走，也有人认为内容属恶作剧。

COLUMN

《死海古卷》究竟是谁写的?

《死海古卷》究竟是谁写的，截至目前仍众说纷纭。最可靠的说法是，该内容为库姆兰教派的人所写。该教派也属于古犹太教，是众犹太教派中最神秘且最实践禁欲的团体。由于文书隐藏在洞窟中，因而该教派在当时被视为异端。也有人认为是库姆兰教派底下的其他派系所写，或是初期的基督教教徒所写，所以其内容也可能涉及基督教。换言之，《死海古卷》不仅与古犹太教有所关联，也极有可能是初期基督教的教本。由于恐怕涉及初期的基督教，当《死海古卷》的发现成为世界瞩目的新闻时，梵蒂冈企图隐瞒的态度，不禁也让世人疑惑，进而衍生出阴谋论之说。

历史

爵位

（公侯伯子男）

关 联
■ 骑士团
　　　➡ P127
■ 圣殿骑士团
　　　➡ P138

日本的爵位与世界上其他国家的爵位

【1】中国古代，皇帝赐予诸侯的五个位阶，分为公、侯、伯、子、男。在日本，也依这五等爵解释欧洲的爵位。

　　所谓爵位，是以君主制为主的国家，为彰显贵族血统，或因表彰对国家之功劳所赐予的称号。其彰显的是国家内的上下关系，以及传承世袭。基本上，爵位是国内的称号，不过针对具有正式外交关系的国家，在礼貌上也会赋予相应的爵位。下页标示的是欧洲或战前日本所使用的爵位。

　　日本依据中国古代使用的"五等爵"【1】以对应欧洲爵位。因此，有时会出现难以区别的部分。

　　在欧洲，各爵位除了是名誉称号，同时也是一种行政势力的区分。换言之，给予公爵领地，给予其支配的权力，也等于给予公爵的爵位。所以在过去的欧洲，领地与爵位是一并存在的。然而随着时代变迁，渐渐也出现无领地的贵族或仅有名誉称号的爵位。相反，日本的爵位是依附于家世地位，换言之，依祖上功绩可划分出爵位之高低。而欧洲有时会突然赐予或没收爵位（领地），有时甚至授予多重的爵位。纵使是相同的爵位，依国家或时代的不同，代表的意义或地位分量也不相同。

爵位（公侯伯子男）

■ 各爵位的含义

大公／公	位居王之下，公爵之上。统治大公国、公国，其权限或权力，足以匹敌一国之王。
公爵	源自古日耳曼的军队统帅之爵位，是公爵领地的统治者。
侯爵	相当于公爵之下，伯爵之上的爵位，是侯爵领地的统治者。
边境伯	依随场所，是有望成为当地侯爵的爵位。由于与异民族以国境为界，因而拥有私人军队。
伯爵	伯爵领地的统治者，英语是"count"，也是行政单位国、郡、州的"country"之语源。
子爵	子爵领地的统治者。是仅存深受法国或西班牙影响的地域才存在的爵位。
男爵	子爵以下的贵族之爵位。"Baron"有自由之含义，之后成为领主的一般称谓。
准男爵	仅存在于英国的最低位阶之爵位。采用世袭制，在法律上并不属于贵族。
爵士（晚爵）	是因个人功绩或对国家有功而赠予的称号，不是贵族，不能世袭，无领地。

其他爵位

副伯	原本是辅佐伯（伯爵）的职位，而后有望成为子爵。
宫中伯	相当于现在的大臣之职位。有时可替代统治国王的直辖地。
方伯	神圣罗马帝国时代的爵位。相当于伯爵，不过权限更大。
城伯	神圣罗马帝国时代管理统治城堡的爵位。

爵位（公侯伯子男）

历史·神秘

关联

■ 日本刀
➡ P141

大马士革钢

宛若超科技的印度产矿物

【1】一种具有特殊结构的纳米材料。比铝轻，比钢铁硬度高，目前人们正研究如何将其运用于各领域。

大马士革钢，是中东制作剑时使用的金属。其实那些剑使用的是印度开发制造的"乌兹钢"，但因当时印度与欧洲贸易的据点是中东叙利亚的大马士革，乌兹钢从此处流传至欧洲，故用其制成的剑也被称为大马士革剑。

大马士革剑的性能卓越，即使拿它挥斩骑士们身穿的铁制盔甲，也毫不损伤刀刃，且不易生锈。据说刀身还会浮现美丽纹路，与日本刀相同。

随着枪炮的发明，刀剑的价值降低，大马士革钢也逐渐为人所遗忘。至于技法为何未传播到西方，有人认为是记录制法的文书遭到烧毁，也有人认为因为技法仅传子，导致最后失传。

近代工业革命的兴起，令大马士革钢再度受到重视。科学家试图分析那些曾被西方视为最优质的钢材的印度钢铁，企图再造大马士革钢，结果发现其中蕴含"碳纳米管"【1】，即使使用如今的技术也已无法令其彻底重现。不过，在研发追求大马士革钢的不易生锈之特质时，竟因而诞生了不锈钢。

组织

圣殿骑士团

关 联

■ 骑士团
➡ P127

为护卫民众而成立的组织

【1】犹太教、基督教、伊斯兰教共同的圣地耶路撒冷，由各自的教徒引发了争夺之战。十字军是在伊斯兰教占领耶路撒冷之际，于欧洲成立的夺回圣地之远征军。

【2】腓力四世为实践其政策，需要大量的资金。因此，他看上赢得大量贵族金援的圣殿骑士团，编造不实之指控，促其解散。

圣殿骑士团，是中世纪欧洲基督教教徒组织的骑士修道会，正式名称是"基督和所罗门圣殿的贫苦骑士团"。成立时间是欧洲的第一次十字军【1】东征，从伊斯兰教教徒手中夺回圣地耶路撒冷，建立王国后。

圣殿骑士团的成立，主要目的还是"圣地巡礼"。欧洲人开始远赴夺回的圣地朝圣，不过路途尽是盗贼或强盗，充满危险。为此，在耶路撒冷附近出现了名为雨果的男子，他努力维持当地治安，耶路撒冷王知道此事后，特将所罗门神殿遗迹赐予其作为宿舍。许多人感动于雨果的善行，纷纷加入，终于形成犹如守护朝圣者的守望相助团体，公元1128年组织成立圣殿骑士团。成立之初仅不到10人，随后成员增加，并由当权者赐予土地或金钱等，给予相助。

日趋强大的圣殿骑士团，成为企图夺回耶路撒冷的伊斯兰教教徒之威胁，同时也是保护朝圣者的坚强护盾。不过，公元13世纪后期，伊斯兰教教徒再度夺回耶路撒冷，圣殿骑士团也失去了存在的意义。在法王腓力四世的陷害【2】下，最后终于走向瓦解之命运。

圣殿骑士团

历史

纳粹党

（民族社会主义德国工人党）

关联

■ 共济会
~主要的秘密组织~
➡ P116
■ 锡安长老会纪要
➡ P131

独裁者希特勒率领的政党

【1】1933年2月27日，柏林的国会发生纵火事件。希特勒将罪行推给敌对的共产党党员，并展开镇压，此举更扩张了纳粹之势力。

【2】一并肃清党内外的反希特勒势力。目的在除掉企图反希特勒的冲锋队队长恩斯特·罗姆，尽管其并无造反之意图，只是为了去除心头大患而捏造罪名。

纳粹是1920年于德国成立的政党，正式名称是"民族社会主义德国工人党"。其前身是由右翼秘密组织图勒协会衍生的德国工人党，被称为"20世纪最大恶魔"的独裁者阿道夫·希特勒，于1919年入党，主导该党，最后将该党名称改为民族社会主义德国工人党，并公开25条纲领作为政治指标，完成结党。

1921年7月，希特勒正式成为党首。此后，通过其极具煽动性的演说和宣传，以及对法国占领鲁尔工业区的抵抗行动，他获得了广大民众的支持，带领自己的政党在1933年的第8次大选中成功获得288个议会席位，一跃成为德国第一大党。当时国际社会并不看好纳粹政权长期存在，但通过之后的"德国国会纵火案"【1】，纳粹党促成了《德国1933年授权法》出台，实现了一党独裁。此外，1934年6月发生的""长刀之夜"【2】事件又进一步加固了其独裁统治，同年8月，希特勒正式就任德国国家元首。

此后，希特勒一直作为最高领导者掌握着德国政权，直到1945年4月，在第二次世界大战德国注定战败之际自杀。同年5月，纳粹无条件投降，持续12年之久的独裁政权正式消亡。

纳粹党（民族社会主义德国工人党）

■ 第二次世界大战与纳粹德国

1939年德军进攻波兰，遂引发第二次世界大战。之后，陆续侵占挪威、丹麦。1942年斯大林格勒战役后，战局逆转，德军不断失利，终于无条件投降。

变迁	年月
希特勒政权成立	1933 年 1 月 30 日
《德国 1933 年授权法》出台	1933 年 3 月 23 日
德国重整军备，背弃《凡尔赛和约》	1935 年 3 月 16 日
进驻莱茵兰，背弃《洛迦诺公约》	1936 年 3 月 7 日
缔结《苏德互不侵犯条约》	1939 年 8 月 23 日
进攻波兰，第二次世界大战爆发	1939 年 9 月 1 日
进攻挪威、丹麦	1940 年 4 月 9 日
进攻法国、荷兰、比利时、卢森堡	1940 年 5 月 10 日
德意日三国同盟	1940 年 9 月 27 日
进攻南斯拉夫	1941 年 4 月 6 日
爆发巴巴萨罗行动，苏德开战	1941 年 6 月 22 日
美国对日宣战	1941 年 12 月 11 日
意大利投降	1943 年 9 月 8 日
暗杀希特勒与政变失败	1944 年 7 月 20 日
希特勒于官邸地下室自杀	1945 年 4 月 30 日
苏军占领柏林	1945 年 5 月 2 日
德国无条件投降	1945 年 5 月 7 日

第二次世界大战前的国际局势

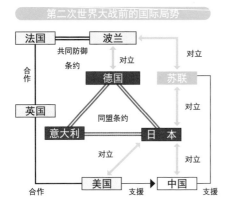

■ 亲卫队的组织图与监视国民系统

1925年组织形成的亲卫队（Schutzstaffel，SS），是希特勒专属的护卫部队。最初仅由8名精英组成，1929年海因里希·希姆莱担任亲卫队最高长官，规定亲卫队彻底执行纳粹的政治理念，从此也让组织起了变化。

此方针适用于德国全国，建立起以纳粹帝国中央保安总局和国家秘密警察（盖世太保）为中心的监视国民系统，且于各地虐杀犹太人，自此亲卫队成为纳粹恐怖政权的象征。

納粹党（民族社会主义德国工人党）

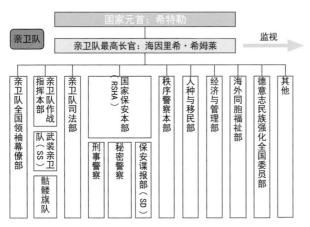

武器

日本刀

关联

■ 大马士革钢
➡ P137

■ 村正
➡ P149

锐利无比的独特单刃刀

【1】主要是徒步比武时使用武器。刀的形状可以直接插进腰带，并且方便拔刀。刀刃朝上，插入左腰时，刀茎（也就是刀柄包覆刀身的部分）的铭是朝外的，长度在60～80cm。

【2】建武期（1334年—1336年左右）的山城国（京都府）的刀匠。是刀工集团长谷部派的始祖。

所谓日本刀，就是依据日本独特锻冶技术制造的刀剑，其锐利程度称霸世界。人们经常如此形容日本刀——"不断、不弯、锋利无比"，尽管刀身细长，却可以将人骨剖成两段。虽然日本制的皆可称为日本刀，但是典型的日本刀最突出的特征还是在于"刀身的侧面有称为镐的突出部分，也有反的部分，是为单刃刀"。

自平安时代开始，反的形状更加多样，在此之前都是笔直的"大刀"。另外，战国时代制造的则有反的弯刀，称为"太刀"。现在对太刀的分类是，90cm以上的是大太刀，30cm以上60cm以下的是肋差，30cm以下的是短刀。室町时代还出现了刀刃朝上可以插入腰带的"打刀"【1】。

此外，日本刀的名称各式各样，但在法律上依刀刃的分类与刻在刀上的铭之组合，各有其正式名称。不过，享誉天下的名刀，则是以号与刀匠名组合命名为通称。举例来说，"heshi切长谷部"的"heshi切"是号，这些命名多半基于外观的特征、由来或逸事等，"长谷部"则是刀匠的名字（长谷部国重【2】）。

日本刀

历史

■ 有渊源的日本名刀

下表是众所皆知的名刀。日本刀不仅是武器，也具有艺术品之价值。因此，许多名刀都同时是国宝或重要文化财产。现存的名刀多半保存于世家、皇室、神社佛寺或博物馆。

名称	种类	刀匠	拥有者	刃长	解说
一期一振	太刀	粟田口吉光	丰臣秀吉	68.8cm	制作短刀的名匠粟田口吉光锻制的太刀。其名称有此生最光荣的一挥刀之意。皇室御物。
大包平	太刀	包平	池田辉政	89.2cm	古时备前的包平锻制的名刀。刀身带有华丽的纹路，刀重仅有 1.35kg。为国宝。
大俱利伽罗	打刀	广光	伊达政宗	67.6cm	其名称源自刀身带有的俱利伽罗龙王的雕刻。据说是德川秀忠赐给伊达家族的。是重要美术品。
大典太光世	太刀	三池典太光世	前田利家	66.1cm	足利家族代代相传的宝物，而后传给前田家。是太刀，但整体短，刀身的宽度固定，因而反显得较大。是国宝，为天下五剑之一。
鬼丸国纲	太刀	粟田口国纲	北条时赖	78.2cm	传说梦中出现刀的化身，听从命令取之，小鬼不再如影随形，因而命名鬼丸。皇室御物，天下五剑之一。
歌仙兼定	打刀	和泉守兼定	细川忠兴	60.5cm	忠兴以此刀定下 36 名家臣的成败，因这个数目而被命名为歌仙。从外观看来的确是名刀。
小乌丸	太刀	天国	平贞盛	62.7cm	据说是伊势神宫的巨鸟赐给恒武天皇的，刀的部分是特殊的双刃。皇室御物。
五虎退	短刀	粟田口吉光	上杉谦信	24.8cm	传说远渡中国的武将遭遇五只老虎，以此短刀击退猛兽，故有此名。正亲町天皇赐予上杉家，是上杉家的家宝。
数株丸恒次	太刀	恒次	日莲	81.1cm	支持者赐给日莲的太刀。刀柄缠着念珠，是破邪显正之剑，故得此名。重要文化财产，天下五剑之一。
童子切安纲	太刀	安纲	源赖光	80cm	赖光打败酒吞童子时使用的刀，可以一刀斩断叠起的 6 具尸体。国宝，天下五剑之一。
长曾祢虎彻	打刀	长曾祢虎彻	近藤勇	70.9cm？	声名大噪的刀匠虎彻之作，新撰组局长近藤勇爱用此刀。不过当时市面上流传着虎彻的赝品，有人说近藤所用的也是赝品。
Nikkari 青江	肋差	贞次	京极高次	60.3cm	传说某领主挥刀砍断冷笑的女幽灵，但翌日才发现砍断的是石灯笼。
heshi 切长谷部	打刀	长谷部国重	黑田官兵卫	64.8cm	黑田家家传的刀。传说织田信长欲杀茶坊主，仅从棚子的隙缝插入此刀，对方随即身亡。是国宝。
萤丸	大太刀	来国俊	阿苏惟澄	100.35cm	惟澄梦见无数的萤火虫围绕自己的刀，醒来后开始修复因战而破损的刀身。
三日月宗近	太刀	三条宗近	足利义辉	80.0cm	是天下五剑中最美的名刀。刀纹有三日月状的纹路，因而得名。是国宝。
山姥切国广	打刀	堀川国广	长尾显长	70.6cm	企图模仿本作长义而锻冶。国广之杰作，号源自治退山姥的传说。重要文化财产。

日本刀

142

历史

忍者

关联

■ 间谍

➡ P107

活跃于历史阴暗处的情报专家

【1】曾经伊贺与甲贺是一个国家，伊贺与甲贺相距不远。历史小说中甚至出现"伊贺对甲贺"这类的故事，其实不仅是对立，有时也是互助的关系。尽管彼此的雇主是对立的，但为达成任务，有时他们还是会互换情报。

经常出现在历史题材小说中的忍者，通常是一身黑色装扮，身怀暗器或苦无等武器。提到忍者，三重县西北部或滋贺县东南部的伊贺或甲贺【1】是知名的忍者村，事实上也不仅这些地方，日本各地都有忍者分布。不过当时，随地域不同也有不同的称呼，像是山梨县附近的关东地域称忍者为"乱波"，关西地域则是称"透波"。

忍者起始于何时已难确定，据说是以公元8—9世纪的某号人物为始祖。另外，伊贺知名的忍者服部家族，听说其祖先来自中国。忍术书之一的《正忍记》，记载着"习得忍术者来自汉（中国）"。忍者们活跃于战国时代，他们受雇于诸大名，主要从事谍报活动。

侍奉关东北条氏的某人物如此描述，忍者虽如同盗贼尽做坏事，但只要被雇用，必定忠心耿耿。而且，他们擅长找出国内的坏人，能潜入他国夜袭或抢夺物品，有时他们还被要求暗杀某人。同时他们也善于谋略。说起战争，不论今昔，获知敌方情报都是重要的手段，尤其在情报难以取得的往昔，忍者因而受到大名们的重视。

忍者

■ 流传于现今的忍者们

犹如影子的忍者中，其实仍存在着知名的人物，而且声名流传至今。因此，在此归纳那些主要的忍者名与其生平。

名字	流派	生平
服部半藏	伊贺流	出身伊贺忍者之家，是伊贺的上忍。有一说认为他并非忍者，只是因为跟随德川家康，从而成为八千石的领主。德川家康进入江户后，他担任伊贺同心的首领，半藏门之地名也出自他。
百地丹波	伊贺流	据说是伊贺流忍术的始祖，位阶上忍。与服部半藏、藤林长门守齐名，称为三大上忍。不过上忍的一切成谜，故有人认为他与藤林是同一人。
弥左卫门	伊贺流	出身伊贺的音羽，又称"音羽的城户"。是知名的枪击高手。在净土真宗的本愿寺显如之委托下，两度枪杀织田信长，但终究让其躲过劫难。遭逮捕后还力图挣脱，最后自尽身亡。
望月出云守	甲贺流	甲贺中首屈一指的名家，擅长烟幕弹。六角高赖遭第九代将军足利义尚袭击时，协助保护高赖逃亡。并且反击轻忽大意的幕府军，将军甚至死在他的刀下。
鱼住源吾	甲贺流	是侍奉毛利元就的忍者。远征中国地方的丰臣秀吉包围三木城之际，源吾每每夜袭秀吉的阵营。尽管暗杀任务失败，不过秀吉说："比起攻城，首要还是杀了鱼住。"
风魔小太郎	风魔忍术	侍奉关东之雄、北条氏。小太郎并非本名，而是继承头目之名。他擅长马术与格斗战术，北条氏与武田氏对峙之际，他屡屡夜袭，每回都令敌军阵营大乱，武田的士兵为此惊骇不已。
杂贺孙市	杂贺流忍术	是以枪炮组织而闻名的杂贺党之首领。是一向宗的信徒，协助石山本愿寺，屡屡袭击织田信长。最后降伏，才得以在乱世活了下来，之后侍奉初任的水户藩藩主。
割田重胜	真田的忍术	侍奉上野（群马县）吾妻地方的武将真田氏，据说他的忍术无敌，并且假扮卖大豆的小贩潜入北条氏阵营，夺走马匹与马鞍。或是潜入上杉谦信的阵营，夺走刀枪。
钵屋弥三郎	不明	侍奉尼子氏的钵屋众之头目。他协助遭驱赶的尼子经久，扮成新年表演的街头艺人潜入月山富田城，见机在各处放火，然后呼应城外的尼子经久，成功夺回月山富田城。
茶屋四郎次郎	不明	是侍奉德川家康的密商，也是在战场上活跃的武将。本能寺之变织田信长落败之际，不惜重金取得地方势力之协助，让德川家康从伊贺脱困。

组织

蔷薇十字团

关联

■ 共济会
~主要的秘密组织~
➡ P116
■ 黄金黎明协会
➡ P126

架空人物创设的谜样秘密社团

秘密社团"蔷薇十字团"（Rosenkreuzer），是名叫"克里斯汀·罗森克鲁兹"的人物所创设的。社团的规章是"无偿治愈病人或受伤的人""百年内不得公布成员""每年在圣灵之家（罗森克鲁兹的僧院）聚会"，成员都是秘密进行慈善活动或著书立说等。

隐秘存在的蔷薇十字团，直到1614—1616年，在德国出版了作者不详的《兄弟会传说》《兄弟会自白》《化学的婚礼》（三册统称为"蔷薇十字团的宣誓书"），书中记载了蔷薇十字团的存在、教义、始祖罗森克鲁兹的生平等，蔷薇十字团的名声终于在欧洲宣传开来，也令许多人深深向往。

蔷薇十字团引发话题后，许多人试图与其成员接触。《兄弟会传说》记述，"可借著作或口头上公开表达对蔷薇十字会的关心"，并呼吁加入社团，不过即使许多人公开表明，也无回应。以"我思故我在"而闻名的法国哲学家笛卡儿也是其中之一，即使是他这般有名的人物，也无法与社团取

蔷薇十字团

【1】他们否认撰写了《兄弟会传说》《兄弟会自白》。也因此，许多人认为这两册并非"真迹"。

得联系。因此，尽管该社团的存在众所皆知，不可思议的是，所属成员竟从未浮上台面。

更意外的是，德国神职人员兼著作家约翰·瓦伦廷·安德烈在其死后出版的著作中自白，"《化学的婚礼》其实是我与大学时代同学共同创作的"。因此，有人认为另两册【1】也是他与同学们的作品。

出现于各地的蔷薇十字团

不顾安德烈的自白，人们对充满传说的蔷薇十字团更加着迷，狂热的粉丝们开始自己秘密组织社团，并且继承贯彻其思想。

即使到了现代，也有很多社团宣称自己是蔷薇十字团的派生组织，或宣称自己继承了蔷薇十字团的思想精神。但从根本上来说，蔷薇十字团本身的存在就是充满谜团的事情。说不定历史上还真的有一个不是安德烈虚构的，秘密结社的"蔷薇十字团"存在过。

蔷薇十字团

安德烈为何不表态？

若"蔷薇十字团的宣誓书"真是安德烈等人的创作，为何他们不表态呢？有一说是"怕引发麻烦，所以不敢表态"。当时人们对于蔷薇十字团疯狂着迷的模样，恐怕出乎安德烈的预期，在那样的状态下，即使想表态也会害怕到不敢出声。

历史·传说

关联

■ 世界七大不可思议
➡ P250

埋藏金传说

埋藏在日本各地的财宝

【1】1963年位于东京都中央区荒川的日清制油总公司，在新建大楼的工程中，从用地内挖出了埋藏金。据说发现了相当约8亿日元的古钱，堪称有史以来最大规模的埋藏金。据推测，应该是江户时代在此地经营酒的鹿岛清兵卫所有。

日本民间曾盛传，日本政府在财政上设有"霞关埋藏金"。后来证实并无此事，不过日本各地的确存在着埋藏金传说。埋藏金，如文字所示，就是行踪成谜的财宝，所有者因某目的而隐藏，许多可能是历史事件或事故中消失的财宝。

下页标示了日本主要的埋藏金传说，以及推测地点。在日本三大埋藏金中，知名度最高的是"德川幕府的埋藏金"，规模最大的是"丰臣秀吉的埋藏金"，还有堪称总额达数兆日元的"结城晴朝的埋藏金"。

尽管此三大埋藏金的可信度颇高，但基本上埋藏金还是仅止于传说或推测。拥有确切证据的毕竟是少数，纵使存在，恐怕也已被取走。

尽管如此，日本人执迷于埋藏金传说的理由，不仅是对于历史的浪漫想象，过去的确实际出现发现埋藏金的案例。1956年在银座的工程现场发现了200枚以上的江户时代金币，1963年的荒川又发现1900枚小金币与约7万8000枚的二朱金（鹿岛清兵卫的埋藏金）【1】。一个说不定……就可能一夜致富，或许这就是埋藏金传说的迷人之处吧！

埋藏金传说

■ 主要的埋藏金之地点

埋藏金之地点遍布日本的都道府县，特别选出知名度较高且具可信度者。

源义经的埋藏金
北海道惠庭市？

传说源义经并未死于奥州，他辗转到虾夷地，埋藏了再起之用的军备资金。

丰臣秀吉的埋藏金
兵库县多田银山？

是秀吉留给儿子的遗产，据说埋藏在多田银山的坑道内。据推测其规模属日本最大。

佐佐成政的埋藏金
富山县锹崎山？

佐佐成政会见于三河的德川家康之际，在横越飞驒高山时，为了减轻负担，埋藏于雪中。

尼罗号的财宝
山口县祝岛

1914年为庆祝大正天皇即位而出航，结果触礁沉没的英国船，船里满载着财宝。

护法救民之宝
京都府龟山城迹？

明智光秀活了下来，改名为天海，入空门为僧侣之际，为拯救世人所埋藏的财宝。

芦名义广的军资
福岛县猪苗代湖？

武家名门芦名氏的第20代，于磨上原之役战败，遂将若松城里的财宝搬运出来，沉入猪苗代湖。

天草四郎的埋藏金
熊本县天草下岛？

岛原之乱遭镇压的天草岛原之军，埋藏了军资与象征基督教的宝物等。

德川幕府的埋藏金
群马县赤城山？

幕府末期，日本门户大开，海外贸易盛行，德川幕府担心国内的资金不断外流，遂隐藏了财宝。

结城晴朝的埋藏金
茨城县结城市？

在德川幕府的逼迫下，赶在改朝换代前埋藏的结城家财宝，据说有重达380吨的黄金。

龙王丸的财宝
爱媛县艺予诸岛？

1818年，因海难沉没的船只龙王丸上据说装载了大量的黄金。实际上，的确在当地发现江户时代的金币。

大久保长安的埋藏金
神奈川县仙石原？

担任德川幕府财政要职的大久保长安所埋藏的财宝。其实，他是为了幕府的利益着想。

归云城的埋没金
岐阜县归云城

归云城于1585年的大地震崩塌，据说埋没于地下的归云城里拥有大量的财宝。说是埋藏金，其实应该是埋没金。

船长基德的财宝
鹿儿岛县吐噶喇列岛？

传说是周游世界大海的海盗所隐藏的财宝，船长基德的财宝分布于世界各地，这里是其中的一处。

武田信玄的埋藏金
山梨县黑川金山？

据说是武田信玄或其重臣穴山梅雪所藏。传说还埋藏于各地，不过金山是做支援武田军队之用。

埋藏金传说

历史·传说

村正

关联

■ 圣剑·魔剑
➡ P046

■ 日本刀
➡ P141

与德川为敌的妖刀?

【1】正式名称是"村正妙法莲华经",刀身刻着《妙法莲华经》的文字,因而得此名。是初代村正的晚年之作。

　　即使不熟悉日本刀的人,也会在小说或动漫等作品中见到名为"村正"的日本刀。常被唤为"妖刀村正",多出现于妖气森森的场景中。

　　村正是实际存在的刀,是相当于现在岐阜县南部的美浓市刀匠"村正"所制作的刀。他制作的刀有笔直的刀纹,近似"直刃",刀茎的部分犹如鱼腹,故也称为"鳉鲅腹"。村正并不具备美术品的价值,不过"妙法村正"【1】是唯一留存于现在,且被指定为文化财产的重要美术品。与其他名匠打造的日本刀相较,村正的确显得较无名气,这恐怕也与其大量制造有关。总而言之,对村正来说,刀是"锋利无比的武器",而不是"美术品"。事实上,村正所制作的刀较价廉,却又锐利,故求刀者众。

　　那么,村正为何以"妖刀"闻名呢?传说他的刀与统一天下、开启江户幕府的"德川家族"为敌。首先,夺去德川家康祖父之命的正是村正的刀。斩杀家康之父,以及在织田信长命令

不行!

着剑

家康

德

杜鹃不啼,等待他啼

村正

【2】德川家康的部下，猛将"本多忠胜"所拥有的蜻蛉切，据说就是村正之作。不过事实上，是其弟子藤原正真之作。另外，关于家康厌恶村正之传说，其实源于后世的创作。

下切腹的家康之长男，使用的刀都是"村正"。因此，日后家康命令德川家族的武器管理人把村正的刀全部丢弃。【2】正是出于这些缘由，江户时代，武士们审慎避免携带村正的刀，因而衍生出"禁止使用村正的刀"之误解。基于此，对幕府怀有敌意的藩之武士，或是志在推翻幕府的维新志士们，则特意指名使用村正的刀。

何谓妖刀"村雨"？

【3】幕府末期的曲亭马琴所写，故事描述伏姬与其忠犬八房所生下的孩子们，八名"犬士"各拥有所属的念珠，经过离奇的相遇与别离后，终于成为伏姬的里见家之家臣。

村正常被写成"村雨"，恐怕是因为《南总里见八犬传》【3】里的"村雨"，日语发音与村正相似，所以人们才搞错了。故事里的"村雨"，被描绘为"拔出后，会飘散冰花的刀刃"，刀茎部分会喷水，是具有神秘力量的刀。或许是因为都如同"妖刀"，才被人混为一谈吧。

尽管村雨在小说和动漫、游戏、影视世界中如此有名，有人却认为不过是虚构。但这个想法其实大错特错，因为历史上的确存在着不止一把名为"村雨"的刀。江户时代的名匠，发明"涛栏乱"刀纹的津田越前守助广，他所制作的村雨就被视为重要且值得被保存的武器。

与德川为敌也是理所当然？

撇开神秘学的层面不谈，村正足以危害德川家族也是可想而知的。那是因为开启幕府前的德川家族之据点位于爱知县东部的冈崎。而村正的工房就在距离约50km处，许多武士前来购买大量制造又锐利的村正刀。换言之，德川家附近有许多拥有村正刀的武士，以概率来说，拿着村正刀威胁德川家族的概率当然相对增高。

村正

历法·占卜·天文

Calendar · Fortune telling · Astronomy

天干地支

~东方历法~

发祥于中国的顺序记号

【1】据推测，十干十二支是推古天皇十年（公元602年）左右传入日本。

【2】是自古以来即存在的庆贺事之一，由于又回到出生之年（回复到婴孩），因而迎接还历之喜的人会得到红色的和式背心或红帽。

十干十二支是衍自古代中国的**序数词**。适用于各种用途，原来两者互不相干，不知何时开始归纳总结为"十干十二支"。据推测是奈良时代以前【1】传至日本，不过详细情况不明。

十干十二支的十干是甲、乙、丙、丁、戊、己、庚、辛、壬、癸十种，十二支是子、丑、寅、卯、辰、巳、午、未、申、酉、戌、亥十二种，过去的确有使用十干十二支的历法（干支表）。像是将"甲子""乙丑"的文字组合，形成新的词，犹如现代的"周一""周二"。另外，干支表是每60年为一循环，因此庆祝60岁又被称为"还历"【2】。

十干与十二支合并称为"干支"，不过十干原本称为"天干"。

■ 十干的对应

十干	五行	别名
甲	木	木之兄
乙		木之弟
丙	火	火之兄
丁		火之弟
戊	土	土之兄
己		土之弟
庚	金	金之兄
辛		金之弟
壬	水	水之兄
癸		水之弟

■ 十二支的对应

十二支	对应的生肖	五行	方位	时辰
子	鼠	水	北	23 时—1 时
丑	牛	土	北北东	1 时—3 时
寅	虎	木	东北东	3 时—5 时
卯	兔		东	5 时—7 时
辰	龙	土	东南东	7 时—9 时
巳	蛇	火	南南东	9 时—11 时
午	马		南	11 时—13 时
未	羊	土	南南西	13 时—15 时
申	猴	金	西南西	15 时—17 时
酉	鸡		西	17 时—19 时
戌	狗	土	西北西	19 时—21 时
亥	猪	水	北北西	21 时—23 时

■ 小十干十二支所组成的干支表

数	十干	十二支	数	十干	十二支	数	十干	十二支	数	十干	十二支
1	甲	子	16	己	卯	31	甲	午	46	己	酉
2	乙	丑	17	庚	辰	32	乙	未	47	庚	戌
3	丙	寅	18	辛	巳	33	丙	申	48	辛	亥
4	丁	卯	19	壬	午	34	丁	酉	49	壬	子
5	戊	辰	20	癸	未	35	戊	戌	50	癸	丑
6	己	巳	21	甲	申	36	己	亥	51	甲	寅
7	庚	午	22	乙	酉	37	庚	子	52	乙	卯
8	辛	未	23	丙	戌	38	辛	丑	53	丙	辰
9	壬	申	24	丁	亥	39	壬	寅	54	丁	巳
10	癸	酉	25	戊	子	40	癸	卯	55	戊	午
11	甲	戌	26	己	丑	41	甲	辰	56	己	未
12	乙	亥	27	庚	寅	42	乙	巳	57	庚	申
13	丙	子	28	辛	卯	43	丙	午	58	辛	酉
14	丁	丑	29	壬	辰	44	丁	未	59	壬	戌
15	戊	寅	30	癸	巳	45	戊	申	60	癸	亥

天干地支～东方历法～

历法·占卜·天文

塔罗牌

关联

■ 黄金黎明协会
➡ P126

■ 炼金术
➡ P264

占卜人生，神秘又兼具艺术性的 78 张牌卡

【1】魔杖、金币、宝剑、圣杯的四个图腾，也象征着四大元素。

【2】"黄金黎明协会"成员亚瑟·爱德华·伟特于1910年设计。最大的特色是小牌上也有图案。

无论今昔，最受欢迎的占卜道具，首推塔罗牌了吧！其充满神秘与象征意义的图腾，俘获了许多人的心，不过其起源至今不明。塔罗牌卡原是游戏用的卡牌，据推测流行于14世纪的欧洲，当时多被用于游戏性质的占卜。而后随着文艺复兴，开始出现图案精致、木版印刷的卡牌，塔罗牌卡终于得以量产，逐渐大众化且为人所重视。

塔罗牌卡计有22张大牌、56张小牌。经常使用的大牌如下表，其图案隐藏着人生所遭遇的象征与寓意。小牌分为魔杖、金币、宝剑、圣杯四种系列【1】，各有10张数字卡，4张人物卡。一般说来，占卜时经常使用的是大牌，大牌常被用于占卜人生所面临的大事。

在漫长的历史演变中，塔罗牌也发展出不同的体系，直到今日又以伟特体系【2】最为人所熟知，其他还有马赛体系或威斯康提体系，各自卡牌的顺序或图案都不相同，因此占卜时得留意使用的是何种体系的卡牌。

塔罗牌

■ 大牌与其意义

可从塔罗牌图案的寓意，解读占卜者所占卜的事情。牌卡的方向不同（正向或逆向），意义也大不相同。另外，伟特体系与马赛体系的"正义"与"力量"的数字是对调的，伟特体系的Ⅷ＝"力量"，ⅪⅩ＝"正义"。

号码	大牌	英语	正向的意义	逆向的意义
0	愚者	the fool	自由、不拘形式、天真无邪、纯真、天真浪漫、可能性、创意、天才	轻率、任性、没有耐性、无节操、逃避、优柔寡断、无责任感、愚笨、落后
I	魔术师	the magician	事物的起始与起源、可能性、能量、才能、机会、感觉、创造	迷惑、无气力、衰落、背叛、空转、低潮的生物周期、消极
II	女祭司	the high priestess	知性、平常心、洞察力、客观、温柔、自立、理解力、纤细、清纯、单身女性	激情、不敏感、任性、不稳定、自尊心高、神经质、歇斯底里
III	皇后	the empress	繁荣、丰饶、母权、爱情、热情、丰满、包容力、女性魅力、家庭的形成	挫折、轻率、虚荣心、忌妒、情绪化、浪费、情绪不稳定、怠惰
IV	皇帝	the emperor	支配、安定、成就达成、男性的、权威、行动力、意志、具有责任感	不成熟、暴乱、骄傲不逊、傲慢、任意而为、独断、意志薄弱、无责任感
V	教皇	the hierophant	慈悲、带来协调、信赖、尊敬、温柔、感同身受、自信、遵守规则	束缚、犹豫、不信任、独断、逃避、虚荣、怠惰、多管闲事
VI	恋人	the lovers	合一、恋爱性爱、沉溺兴趣、协调、选择、乐观、牵绊、克服试炼	诱惑、不道德、失恋、空转、无视、欠缺专注力、空虚、婚姻的破绽
VII	战车	the chariot	胜利、征服、援军、行动力、成功、积极、前进力、开拓精神、独立、解放	暴走、不留心、任意而为、失败、独断、旁若无人、焦躁、挫折、好战
VIII	力量	strength	强大的力量、坚定的意志、不屈不挠、理性、自制、实践力、智慧、勇气、冷静、持久力	想法天真、钻牛角尖、无气力、任由人摆布、优柔寡断、卖弄权势
IX	隐者	the hermit	经验法则、高尚的箴言、秘密、心灵、慎重、思虑深远、感同身受、单独行动	封闭、阴冷、消极、无计划性、误解、悲观、满是怀疑
X	命运之轮	wheel of fortune	转换点、命运的到来、机会、变化、结果、相遇、解决、宿命	局势出现激烈的变化、分离、错过、降级、灾难的到来
XI	正义	justice	公正、公平、善行、均衡、诚意、善意、兼顾	不公正、偏袒、不均衡、独断独行、处于被告立场
XII	倒吊人	the hanged man	修行、忍耐、奉献、努力、试炼、确实、压抑、妥协	徒劳无功、委屈忍耐、放任、自暴自弃、败给欲望
XIII	死神	death	结局、破灭、离散、终了、清算、决定、死亡的预言	再开始、新的展开、上升、从挫败中站起来
XIV	节制	temperance	调和、自制、节制、牺牲	浪费、消耗、生活紊乱
XV	恶魔	the devil	背叛、拘束、堕落	恢复、觉醒、崭新的相遇
XVI	高塔	the tower	崩坏、灾害、悲剧	紧迫、突发的危机、误解
XVII	星星	the star	希望、闪耀、愿望达成	失望、无气力、期望太高
XVIII	月亮	the moon	不稳定、迷幻、逃避现实、潜在的危险、欺瞒、毫不犹豫地选择	不算失败的过错、从过去解脱、渐渐好转、对未来充满希望、准确的直觉
XIX	太阳	the sun	成功、诞生、祝福、受约束的未来	不协调、胆怯、衰退、堕胎或流产
XX	审判	judgment	复活、结果、发展	悔恨、停滞、恶报
XXI	世界	the world	完整、总和、成就	未完成、临界点、协调的崩坏

塔罗牌

历法·占卜·天文

二十八星宿

~东方占星术的世界~

二十八星宿与宿曜占星术

【1】发祥于古代中国，传至日本后发展为咒术。

【2】山本勘助是侍奉武田信玄的军师。竹中重治是武将，如同丰臣秀吉的参谋。另外，真田幸村也使用宿曜占星术。

所谓二十八星宿，是月亮绕地球一周之际，从星座A到星座B，从星座B到星座C，如此每晚移动一个星座，其移动的轨道（白道）可被平均划分为28个星座。此理论约3000年前衍自于印度，并运用于历法，或也用来推测行星的运行。而后，二十八星宿传至中国，发展形成"中国宿曜道"。平安时代由僧侣空海学习，并带回日本。

空海将宿曜占星术运用于日常生活，周遭的人们感受到其益处，宿曜占星术遂渐渐流传开来。也因为如此，宿曜占星术的"宿曜道"，甚至威胁到当时颇负盛名的"阴阳道"【1】之地位。战国时代，山本勘助或竹中重治【2】等还运用宿曜占星术拟定战略。

不过在占星术上，通常使用的并非二十八星宿，而是"二十七星宿"。那是因为传至中国后，中国人在确立其为占卜术之际，排除了牛宿，日本人也沿用此法。另外，28个星宿被划分为青龙、玄武、白虎、朱雀四组，换言之，可以从星座归属于哪一组来观察占卜结果之变化。

■ 星宿一览表

星宿		星宿的特质
东方青龙	角	重礼义人情，性格敦厚，但也擅于言辞。
	亢	具有强烈的自尊与正义感，坚持的信念绝不妥协。
	氐	拥有绝佳的财运，不过女性则无恋爱运。
	房	性格明朗活泼，具有优越的实践力与判断力。
	心	具有魅力，易赢得他人仰慕，也具有野心。
	尾	好冒险，无所畏惧，因而不易受事情影响。
	箕	喜流离无定所，好女色也好杯中物。
北方玄武	斗	看似性格沉稳，其实异常顽固且自尊心强。
	牛	无。※
	女	过分认真，甚至不通人情，对自己和他人都非常严格。
	虚	没有耐心，自尊心强，人际关系淡薄。
	危	像孩子般纯真，好奇心强，有时显得浮躁。
	室	乐观而任性，常因轻率之行为为周遭带来麻烦。
	壁	性格温良，难以拒绝他人的要求，擅长发掘他人的长处。
西方白虎	奎	品格端正，深思远虑，尽管沉默安静却具有行动力。
	娄	不服输，凡事勇往直前，因而有时一人独断专行。
	胃	缺乏耐心，好恶分明。
	昴	好猜疑，但有时会引来他人的爱慕。
	毕	顽固且坚持己见，容易被人视为任意为之。
	觜	看似单纯，其实充满算计，喜好道人是非。
	参	缺乏耐心，属毒舌派，易遭人孤立，但不会遭人记恨。
东方朱雀	井	自尊心强烈，头脑清晰，略有些洁癖。
	鬼	旺盛的好奇心，且充满行动力，善社交，常与人打成一片。
	柳	埋首于自己喜好的事物，不过也常中途而废。
	星	缺乏自我主张，但内心却不服输，因而容易遭人厌恶。
	张	有些许以自我为中心，不过因此具有领导魅力。
	翼	具有正义感，性格耿直，属于不妥协的完美主义者。
	轸	具有优越的直觉与洞察力，有时也流露出自由奔放的一面。

※由于一个月内，正午时分必然会出现牛宿，因此宿曜占星术将其摒除在外。

二十八星宿～东方占星术的世界～

历法·占卜·天文

关联

■北斗七星
➡ P164

88 星座

从古希腊的星星衍化为国际通用的星座

【1】公元前4世纪的古希腊数学家兼天文学家，提倡地心说。

【2】公元83—168年。古罗马的天文学家、数学家、地理学家、占星家，其著作《天文学大成》提倡地心说。

星座指的是人们对一些恒星的位置组合和排列特征进行联想，将其分组命名而产生的概念。现在一般固定为88星座。原本，星座依随地域、文化、时代各有不同的种类。毕竟相同位置的星星，只要观看的位置不同，就会出现不同的星座，命名因而有所不同。不过，现在的88星座，是由国际会议制定出的统一的名称与种类。

最初人们所命名的星座恐怕是黄道十二星座，而后，古希腊又继承并衍生出新的星座，公元前4世纪的天文学家欧多克索斯【1】命名了44个星座，他的这套组合沿用至今。公元2世纪，古罗马天文学家克劳狄乌斯·托勒密【2】则在其著作记述了48个星座，称"托勒密的48个星座"，这成为当时星座的基准，沿用直到16世纪。进入大航海时代的16世纪，人们可以观测到南半球前所未见的新星，于是又制定了许多新星座，但随着制定者不同，星座也各自不同。

因此1928年，国际天文学联合会统一归约制定了88星座，并且沿用至今。

■88 星座一览表

名称	学名	简称	制定者	表征
仙女座	Andromeda	And	托勒密	安德洛美达（神话人物）
麒麟座	Monoceros	Mon	雅各布·巴尔邱斯	独角兽
人马座	Sagittarius	Sgr	托勒密	半人马的射手
海豚座	Delphinus	Del	托勒密	海豚
印第安座	Indus	Ind	约翰·拜尔	美国印第安人
双鱼座	Pisces	Psc	托勒密	两尾鱼
天兔座	Lepus	Lep	托勒密	野兔
牧夫座	Bootes	Boo	托勒密	牧牛人
长蛇座	Hydra	Hya	托勒密	海蛇海德拉
波江座	Eridanus	Eri	托勒密	波河
金牛座	Taurus	Tau	托勒密	牡牛
大犬座	Canis Major	CMa	托勒密	欧里昂的猎犬
豺狼座	Lupus	Lup	托勒密	狼
大熊座	Ursa Major	UMa	托勒密	大熊（母亲）
处女座	Virgo	Vir	托勒密	处女（希腊神话的女神）
白羊座	Aries	Ari	托勒密	有金色毛的羊
猎户座	Orion	Ori	托勒密	巨人欧里昂
绘架座	Pictor	Pic	尼古拉斯·拉卡伊	画架
仙后座	Cassiopeia	Cas	托勒密	埃塞俄比亚女王卡西欧佩亚
剑鱼座	Dorado	Dor	拜尔	鱼
巨蟹座	Cancer	Cnc	托勒密	妖怪蟹
后发座	Coma Berenices	Com	第谷·布拉赫	埃及王后伯伦尼斯二世的头发
蝘蜓座	Chamaeleon	Cha	拜尔	蟾蜍
乌鸦座	Corvus	Crv	托勒密	阿波罗的差使乌鸦
北冕座	Corona Borealis	CrB	托勒密	阿里阿德涅的皇冠
杜鹃座	Tucana	Tuc	拜尔	巨嘴鸟
御夫座	Auriga	Aur	托勒密	战车的驾驭者
鹿豹座	Camelopardalis	Cam	巴尔邱斯	麒麟
孔雀座	Pavo	Pav	拜尔	孔雀
鲸鱼座	Cetus	Cet	托勒密	巨大怪物鲸鱼
仙王座	Cepheus	Cep	托勒密	希腊神话的埃塞俄比亚王
半人马座	Centaurus	Cen	托勒密	想象的动物半人马
显微镜座	Microscopium	Mic	拉卡伊	显微镜
小犬座	Canis Minor	CMi	托勒密	阿克泰翁的猎犬
小马座	Equuleus	Equ	托勒密	名驹克勒利斯

※红字是黄道十二星座

88星座

续表

名称	学名	简称	制定者	表征
狐狸座	Vulpecula	Vul	约翰·赫维留	衔鹅的狐狸
小熊座	Ursa Minor	UMi	托勒密	小熊（儿子）
小狮座	Leo Minor	LMi	赫维留	小狮子
巨爵座	Crater	Crt	托勒密	大杯子
天琴座	Lyra	Lyr	托勒密	奥菲斯的琴
圆规座	Circinus	Cir	拉卡伊	制图用的圆规
天坛座	Ara	Ara	托勒密	祭坛
天蝎座	Scorpius	Sco	托勒密	杀死欧里昂的蝎子
三角座	Triangulum	Tri	托勒密	三角形，希腊文字的 Δ
狮子座	Leo	Leo	托勒密	涅墨亚的狮子
矩尺座	Norma	Nor	拉卡伊	角尺
盾牌座	Scutum	Sct	赫维留	扬·索别斯基的盾
雕具座	Caelum	Cae	拉卡伊	雕刻工具
玉夫座	Sculptor	Scl	拉卡伊	雕刻室
天鹤座	Grus	Gru	拜尔	鹤
山案座	Mensa	Men	拉卡伊	开普敦的桌案山
天秤座	Libra	Lib	托勒密	计量正义的秤
蝎虎座	Lacerta	Lac	赫维留	蜥蜴
时钟座	Horologium	Hor	拉卡伊	钟摆钟
飞鱼座	Volans	Vol	拜尔	飞鱼
船尾座※	Puppis	Pup	拉卡伊*	阿尔戈号的船尾
苍蝇座	Musca	Mus	拜尔	苍蝇
天鹅座	Cygnus	Cyg	托勒密	宙斯化身的天鹅
南极座	Octans	Oct	拉卡伊	八分仪
天鸽座	Columba	Col	奥古斯丁·罗耶	诺亚方舟的鸽子
天燕座	Apus	Aps	拜尔	极乐鸟
双子座	Gemini	Gem	托勒密	神话的双胞胎狄俄斯库里
飞马座	Pegasus	Peg	托勒密	派克塞斯
巨蛇座	Serpens	Ser	托勒密	阿斯克勒庇厄斯的蛇
蛇夫座	Ophiuchus	Oph	托勒密	医者阿斯克勒庇厄斯
武仙座	Hercules	Her	托勒密	勇士赫拉克勒斯
英仙座	Perseus	Per	托勒密	英雄珀耳修斯
船帆座※	Vela	Vel	拉卡伊*	阿尔戈号的帆
望远镜座	Telescopium	Tel	拉卡伊	望远镜
凤凰座	Phoenix	Phe	拜尔	不死鸟

88星座

续表

名称	学名	简称	制定者	表征
唧筒座	Antlia	Ant	拉卡伊	水泵
水瓶座	Aquarius	Aqr	托勒密	反过来的水瓶
水蛇座	Hydrus	Hyi	拜尔	水蛇
南十字座	Crux	Cru	罗耶	南十字
南鱼座	Piscis Austrinae	PsA	托勒密	女神
南冕座	Corona Australe	CrA	托勒密	南之冠
南三角座	TriangulumAustrinus	TrA	拜尔	南之三角
天箭座	Sagitta	Sge	托勒密	爱神厄罗斯之箭
摩羯座	Capricornus	Cap	托勒密	上半身是山羊，下半身是鱼的神
天猫座	Lynx	Lyn	赫维留	山猫
罗盘座	Pyxis	Pyx	拉卡伊	阿尔戈号的帆柱
天龙座	Draco	Dra	托勒密	龙
船底座※	Carina	Car	拉卡伊＊	阿尔戈号的底座
猎犬座	Canes Venatici	CVn	赫维留	两只猎犬
网罟座	Reticulum	Ret	拉卡伊	接目镜
天炉座	Fornax	For	拉卡伊	化学用的炉
六分仪座	Sextans	Sex	赫维留	六分仪
天鹰座	Aquila	Aql	托勒密	宙斯化身的鹰

88星座

※为了区隔旧南船座，拉卡伊制定的星座，有船尾座、船帆座、船底座。

历法·占卜·天文

八卦

~《易经》的世界~

中国古代伟人发明的占卜

【1】中国古代神话中出现的人物，被视为八卦发明者。

【2】卦的记号有"—"与被分成两段的"— —"，三个组合搭配。只要习得步骤与组合，凭靠着这些记号也得以占卜。

中国自古传承的占卜术之一"易"，也出现于中国史书《汉书·艺文志》，书中如此描述，"易非常深奥，历经三代传承，由三圣人之手才得以完成"。

三圣人分别是：古代中国传说的帝王伏羲【1】、开启周朝的文王、名声远播日本的孔子。真伪虽已难辨，不过由此可知，自古以来《易经》即受人推崇。

占卜时，使用的是两种棒状记号【2】，三个组合形成卦。各卦有其司掌的主题，例如八卦的乾象征"天""父""首""马""阳""西北""上司"等。其他的卦也有各自的象征意义，易占即由这些卦象占卜出结果。

最初，人们仅使用八卦占卜。但是，仅有八个卦，能占卜的事物有限。因此，后人又发展出六十四卦，是八卦与八卦的组合，创造出坤为地或地天泰等六十四卦。由此，自卦象获得的信息更加多样，占卜的准确度也更高。

■ 八卦一览表

乾	象征	物象：天	家族：父亲
		动物：马	方位：西北
		身体：头	五行：阳金

坎 象征 物象：水（雨）家族：中男　动物：猪　方位：北　身体：耳　五行：水

艮 象征 物象：山　家族：少男　动物：狗　方位：东北　身体：手　五行：阳土

震 象征 物象：雷　家族：长男　动物：龙　方位：东　身体：足　五行：阳木

巽 象征 物象：风（木）家族：长女　动物：鸡　方位：东南　身体：股　五行：阴木

离 象征 物象：火（日）家族：中女　动物：鸟　方位：南　身体：眼睛　五行：火

坤 象征 物象：地　家族：母亲　动物：牛　方位：西南　身体：腹　五行：阴土

兑 象征 物象：泽（池）家族：少女　动物：羊　方位：西　身体：口　五行：阴金

■ 六十四卦一览表

坤为地	艮为山	坎为水	巽为风	震为雷	离为火	兑为泽	乾为天
地雷复	山火贲	水泽节	风天小畜	雷地豫	火山旅	泽水困	天风姤
地泽临	山天大畜	水雷屯	风火家人	雷水解	火风鼎	泽地萃	天山遁
地天泰	山泽损	水火既济	风雷益	雷风恒	火水未济	泽山咸	天地否
雷天大壮	火泽睽	泽火革	天雷无妄	地风升	山水蒙	水山蹇	风地观
泽天夬	天泽履	雷火丰	火雷噬嗑	水风井	风水涣	地山谦	山地剥
水天需	风泽中孚	地火明夷	山雷颐	泽风大过	天水讼	雷山小过	火地晋
水地比	风水渐	地水师	山风蛊	泽雷随	天火同人	雷泽归妹	火天大有

八卦～《易经》的世界～

163

历法·占卜·天文

关 联

■88 星座
➡ P158

北斗七星

春季夜空的指引者

【1】是星星明亮度的标示等级，由此数值看来，愈小的星愈明亮。

【2】为六颗星，是夏季星座射手座的一部分。形状酷似北斗七星，故称"南斗六星"。

北斗七星是构成大熊座的部分星星，其位置随季节而不同，不过一年四季皆可看到。另外，七颗星中的六颗属二等星【1】，因为较明亮且易辨识，故成为春季时观察星座的指标。

相对于北斗七星，也有所谓的南斗六星【2】。关于北斗七星与南斗六星，流传着许多故事，其中之一是中国的"北斗与南斗的仙人"。

据说某个孩子被有名的面相师预言活不过20岁，孩子的父亲忧心不已，请求面相师为孩子延长寿命。面相师说："带着酒与干肉，面向麦田南端的桑木林走去，就会看到两位仙人在下棋，请他们享用酒与肉吧。"那孩子遵从面相师的指示，带着酒与肉前往桑木林，果然见到正在下棋的两位仙人。孩子默默将酒与肉递给仙人，坐在北侧的仙人突然发怒，不过位于南侧的仙人好言相劝，拿出了寿命册，将原本写着的"十九岁"改成"九十岁"。从此那孩子活过了20岁。原来这两位仙人正是司掌人间生死的神，北侧的北斗司掌死，南斗则司掌生。

北斗七星

■ 北斗七星与北极星

即使在相同的地方，随着季节不同，北斗七星的形状和方位也不同。

不过不论哪个时期，在北斗七星的延长线上必然可见到北极星。也因此，可以借助北斗七星观察其他星座。

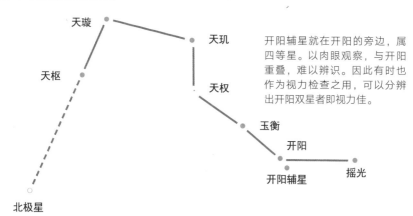

开阳辅星就在开阳的旁边，属四等星。以肉眼观察，与开阳重叠，难以辨识。因此有时也作为视力检查之用，可以分辨出开阳双星者即视力佳。

■ 春季星座的辨识观察

寻找春季星座时，首先找到悬挂北方天际的北斗七星，之后即能辨识北极星或大熊星座，然后就容易找到其他星座。

大熊座

尽管是春季的星座，其实与北斗七星一样，一年四季都能在北方天际寻到。

北冕座

是希腊神话中忒修斯送给女王阿里阿德涅的皇冠。

牧夫座

在北冕座旁的星座，包含一等星大角星，因此属于较易辨识的星座。

狮子座

出现于希腊神话，是半神半人的英雄赫拉克勒斯所制服的狮子，最后变成了星座。

处女座

像是拿着麦穗的少女模样，被比喻为希腊神话的农业之神阿斯忒瑞亚，另外也有其他说法。

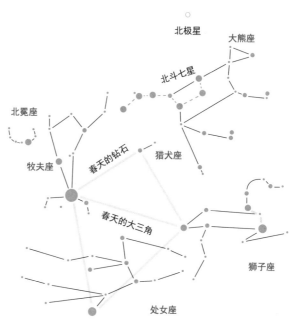

北斗七星

关联

■88 星座
➡ P158

星盘占星术

~西方占星术的世界~

以诞生时的星空排布占卜命运

在毫无观星工具的公元前时代，也许是自然尽收眼底，两河流域孕育的美索不达米亚文明、巴比伦帝国皆开始使用占星术。使用的是有闰月的太阳历，将一周定为七天，并为人类奠定了星体观测与占星术之基础。后世发现了当时的印刻黏土板，原来当时的人们已记录下行星的运行。而且，认为行星运行必然具有某种预兆，于是结合了科学性的宇宙观测与预言，终于衍生出占星术。

此技术又传至希腊，星座占星术逐渐规模化。尼禄的时代，宫廷甚至设置了专任的占星术师，不过出于宗教或政治的理由，占星渐渐受到排挤，终于衰退。中世纪文艺复兴时期，被视为专业学问，遂又恢复地位。但是，哥白尼的天体运行论流行之后，在科学当道的17世纪，占星术又失去其地位，转而变成大众的娱乐。现在受到神秘学与新世纪思想之影响，人们又开始热衷于借占星术认识自己。

■ 占星术

从中心点的地球呈现放射线延展，每30度为一个区隔，切分出十二宫。十二等分的每一区隔都称为"宫位"，圆的外围是"十二星座"。这十二宫展现的个人的特质或性格，搭配上10颗行星的坐标或角度，可以被用来占卜运势。

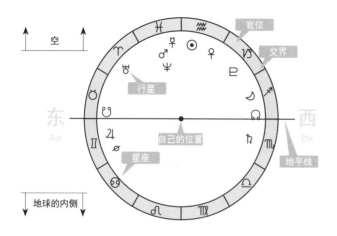

十二宫位与十二星座分别象征的意义

十二宫位各有其意义。第一宫是本人，第二宫是财富，第三宫是知识，第四宫是家庭，第五宫是玩乐与创造，第六宫是事业与健康，第七宫是结婚与合作，第八宫是生与死，第九宫是哲学与旅行，第十宫是事业与社会形象，第十一宫是人际关系，第十二宫的含义有些难解，暗示着潜意识、隐藏起来的事物或前世等。宫位关系着进行中的某事、今后与未知的事物，比如想要了解工作运，就观察第六宫与第十宫。

至于十二星座，则显示星座的性格与特质。在此很难详细说明，不妨想成以生日占星吧。换言之，水瓶座代表具独特个性，巨蟹座会展现母性的温柔。十二星座也可分为阳性和阴性两大区别，或是启动、固定和变动的三大区别，或是火、风、水、地四大元素区别。借此，可以初步了解自己的星盘，但若是更复杂的星盘图，恐怕得仰赖占星专家占卜。

星盘占星术～西方占星术的世界～

关键字篇

强化二次元的杂学

超实用的物理用语集

印象中艰涩的物理学，其实是"梗"的宝库。这里就向大家介绍几个充满魅力的用语。

● "熵" ……显示无秩序的度量。热力学的第二定律是："在孤立的系统中，熵不会减少。"

● "光谱" ……包含光（电磁波）在内的电波、可视光、紫外线和 X 光等的各种波。

● "绝对零度" ……零下 273.15 摄氏度，到达这个临界点的物质，由于处在过冷状态，所有原子都会停止运动。

● "多普勒效应" ……声音频率随发出声波的波源与观测者之间距离的变化而改变的现象：离得越近频率越高，反之越低。

● "反物质" ……尽管质量与自转几乎相同，但在性质上，是与粒子完全相反的反粒子所构成的物质。

● "希格斯玻色子" ……基于某种原因而带有质量的基本粒子，人们于 2012 年发现此新粒子。

让人刮目相看的哲学用语集

以下的哲学用语，是听过却不一定了解其真正含义的用语。在此就介绍这些看上去格调很高的哲学、心理学用语。

● "宣泄" ……心中的某个纠葛情绪，通过某个机会得以彻底净化、消解。

● "主张" ……成立初期被视为正确的主张，而反对这些主张的则是对立。

● "悖论" ……在不企图提出反论的前提下，推论那些理论是否确实，并导出矛盾结论的论证法。

● "人格面具" ……人在社会化过程中，于后天习得的角色行为，瑞士心理学家卡尔·荣格以戴面具来形容。

● "无名怨愤" ……弱者面对强者时所产生的愤恨、憎恶或批判之情感。

● "存在的理由" ……存在理由、存在价值。

文字、符号

Letter · Symbol

文字·符号

东巴文字

在祭司们之间传承的庞大文字体系

【1】居住在云南省北部、四川省南部、西藏自治区东部等地的少数民族。云南省丽江市，也有玉龙纳西族自治县。根据2000年的调查，人数计30万人左右。最初属一妻多夫制的母系社会，女性的地位较高。

中国云南省、四川省与西藏自治区一带居住着名为纳西族【1】的少数民族。他们的日常语言主要是纳西语，但由于常与汉民族往来，大多数的人都懂汉语（普通话）。而东巴文字则是一种独特的象形文字。

纳西族的祭司称为"东巴"，所谓的东巴文字即由此而来。东巴文字由祭司们代代相传，仅是基本文字就有约1400种，甚至还以不同的文字表达相同的意思。基本上，文字的形状以单体呈现，类似汉字部首的单体字，但也有组合的复杂形状之文字。另外，文字也会随颜色变化，表达不同的意思。

基于这些特性，文字的表达丰富多元，因此正确理解所有的文字，其实相当困难。

目前，东巴文字是世界上唯一仍在使用的象形文字，在纳西族居住的丽江市，仍不乏写着东巴文字的招牌或广告牌。

东巴文字

■ 列举的东巴文字

　　乍看之下，东巴文字像是小孩的涂鸦，充满童趣，从文字外观也大致能推测其意思。以下就是从众多的东巴文字中，列举出的20个与日常生活有关，带有人物动作、情绪反应、动植物等的文字。

人

父

母

孩子

将军

士兵

巫女

走路

跑

飞

说话

笑

吃

鸟

鸡

牛

狼

鱼

树木

国王、统治者

东巴文字

文字·符号

圣书体

古埃及的正式文字

【1】是文字书体的一种，犹如一笔书写到底，呈现连续不断的字体。

【2】文字本身并不具有意义，着眼在阅读时的拼读，最具有代表性的就是英语字母。

　　古埃及使用了圣书体、僧侣体、大众体三种文字。其中的僧侣体，是比圣书体更轻松简单的书写字体【1】，大众体则比僧侣体更简略。换言之，圣书体是古埃及所使用的最正式字体。

　　圣书体与英语的字母一样，属拼音文字【2】。阅读时通常是由左至右，不过有时也会因文字方向的改变而由右至左阅读。纵向书写较为常见，并且尽可能毫无间隙地书写，因此，在遗迹的壁面等处常可见到密密麻麻的这类文体。圣书体的源起已无从考据，目前发现最早的遗迹是公元前3200年左右，由此可判断当时圣书体即已得到广泛使用。

　　坟墓等也可见到着色的圣书体，非常艳丽醒目。1799年，在埃及的罗塞塔发现了罗塞塔石碑，引发研究者的解读。1822年法国研究者成功解密，发现石碑是以圣书体、大众体与希腊文刻著的一篇文章。

　　圣书体也是现存的诸多古代文字中，分析解读最有进展的古代文字。

■ 圣书体与英文字母的对照与使用案例

圣书体	形状	发音		圣书体	形状	发音
	埃及的秃鹰	ア a			缠绕的麻布	フ h
	芦苇的穗	イ i			胎盘	ク kh
	两根芦苇的穗	イ y			雌性动物的腹部与尾巴	ク kh
	斜线两条	イ y			门闩	ス s
	人的下臂	アー a			从侧面看悬挂的布	ス s
	鹑的幼雏	ウ u			由上观看人造的池子	シュ sh
	人的脚	ブ b			山丘的斜面	ク k
	芦苇的垫子	プ p			有把手的笼子	ク k
	有角的蛇	フ f			置放土窑的台子	グ g
	猫头鹰	ム m			面包	トゥ t
	细浪	ン n			系住动物的绳子	チュ tj
	唇	ル r			人的手	ドゥ d
	草帘围起的空间	フ h			眼镜蛇	ジュ dj

使用案例

George Washington（乔治·华盛顿）

安倍晋三

圣书体的文字种类繁多，仅能介绍部分。上方表格中，每个文字代表一个发音，而且是单字音。由于与英文字母相似，因此圣书体最主要是读出声音，借由每个文字的组合搭配就能拼出人名或地名等，也能书写出部分的口语。近年来市面上出现了许多关于圣书体的书籍，欲认真研究的人不妨参考看看。

圣书体

文字·符号

希伯来文字

关联

■ 死海古卷
➡ P133

■ 塔罗牌
➡ P154

随着犹太民族而奇迹复活

【1】建于公元前11世纪，南北分裂后，北方为亚述国，南方则遭新巴比伦帝国灭亡。

【2】独自致力于复兴希伯来语的人物。他死前完成了共17册的《希伯来语大辞典》。

　　希伯来文字是以色列的官方文字。古犹太人的国家【1】遭古罗马帝国灭亡，从此犹太人散落世界各地。因此，犹太人在日常生活中并不使用希伯来语。然而，犹太教会一直阅读用希伯来语写的《圣书·旧约》及其他文书，所以直到现代，希伯来语并未衰微。19世纪，从俄国移居至巴勒斯坦的艾利泽·本－耶胡达【2】，努力促使希伯来语作为日常语言，以复兴希伯来语。终于，希伯来语成为以色列之官方语言，曾经长达2000年未使用的古代语言，如今又奇迹般地重新复活了。

　　希伯来语的字母称为"aleph-bet"，基本上和日语一样，属于表音文字。22个字母为子音，由元音辅助子音。书写时由右至左。以《圣经·旧约》为代表的犹太教或初期基督教的重要文献皆以希伯来文字书写，无论是在历史层面还是在神秘学上，希伯来文字皆是颇重要的文字。

希伯来文字

■ 希伯来文字简易表

文字	名称	符号	塔罗牌
א	alef	公牛	愚者
ב	bet	房屋	魔术师
ג	gimel	骆驼	女祭司
ד	dalet	门、扉	女皇
ה	he	窗	皇帝
ו	vav	钉、爪	教皇
ז	zayin	剑	人
ח	chet	栅栏	战车
ט	tet	蛇	正义
י	yod	手	隐者
כ	kaf	手掌	命运之轮

文字	名称	符号	塔罗牌
ל	lamed	鞭子	力量
מ	mem	水	倒吊人
נ	nun	鱼	死神
ס	samech	支柱	节制
ע	ayin	眼	恶魔
פ	pe	口	高塔
צ	tsadi	鱼钩	星星
ק	kof	后脑	月亮
ר	resh	头	太阳
ש	shin	牙齿	审判
ת	tav	十字	世界

COLUMN

希伯来文字与日语有共通点

有人认为，犹太人使用的希伯来语或根据其发展的以色列语，其实与日语有着共通性，尽管犹太人与日本人无论是在所处位置上还是心理层面上都相隔遥远、无联结点。

其主张认为日语的片假名与希伯来语相似，因为这两国的语言，的确有几个文字与读音几乎相同，简直是不可思议的巧合。

也有人把这些巧合导向神秘学，认为莫非日本人与犹太人其实有着共同的祖先，于是又发展出共同祖先论，即认为日本人与犹太人是犹如兄弟关系的民族。相信此说的人认为，公元前722年遭亚述帝国灭亡的北国以色列，其民族经由丝路来到日本。这听起来像是无稽之谈，不过不仅是希伯来语与日语相似，就连鸟居或入山修行的吹海螺等也仿若古犹太文化。尽管仅凭这些难以让人点头赞同，但联想起来也的确充满着神秘色彩。

希伯来文字

文字·符号

梵文

诞生自印度的神圣文字

【1】将两个或两个以上的文字，变成一个词。文字的拆解组合原则，基本上是将各文字分成上半部分与下半部分。

【2】其他还有，"不可在佛教书以外的书籍上书写梵文或梵书"等。

　　所谓梵文，是为标记梵语而诞生的，衍生且流传于印度的文字。在印度属于表音文字，但传到中国后转变为如汉字一般的表意文字。而后由为学习密宗前往唐朝留学的弘法大师空海传至日本。他在说法时提到，"梵文有无量功德"，从此梵文也成为代表佛或菩萨的文字。

　　基本上，梵文的字形、字音、字义有固定基准，犹如日语的五十音。然而，仅是熟记五十音，并不表示人人都能书写。因为，梵文字里的词汇，是由拆解再合并的复数文字所完成。此法又称为"悉昙切继"【1】，如下页中的"不动明王"或"阿弥陀如来"都是拆解再组合的复数文字。但是，该如何拆解又该如何组合，必须熟记记述规则的"悉昙章"，只有如此才能懂得写读梵文。无论如何都想学会梵文的人，不妨记熟下页中以梵文书写的五十音表。另外，学习梵文前也必须谨守十要点，在此特别节录"悉昙十不可事"【2】之一节，严禁叠写梵文，写下来的字也不可烧毁或丢弃。

梵文

■ 以梵文写佛

据悉昙切继之规则所写的佛号，以一个文字表达佛号，称为"种字"。

| 不动明王 | 阿弥陀如来 | 爱染明王 |

■ 以梵文书写五十音

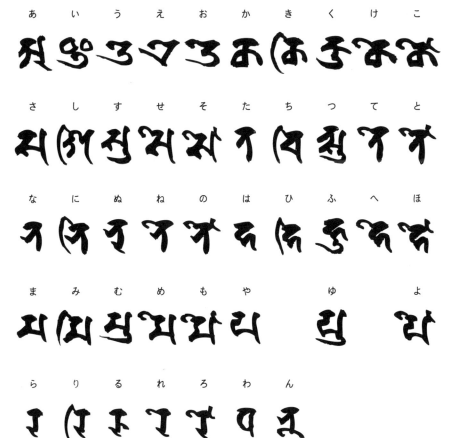

文字·符号

玛雅文字

玛雅文明所使用的神秘文字

【1】除去墨西哥北部的墨西哥全域、危地马拉、伯利兹、萨尔瓦多全域，也包含洪都拉斯、尼加拉瓜、哥斯达黎加的西侧地域。在西班牙入侵的公元16世纪以前，未受到外界的影响，因而得以发展出玛雅、印加、阿兹特克文明。

玛雅文字，是兴盛于美洲玛雅地区【1】的玛雅文明所使用的文字。起源已难追溯，不过推测是公元前400年左右独自发展的文字。

玛雅文字的种类大致可分为，"标示出读音的"与"标示出意思的"，有些类似日语的"平假名"与"汉字"的关系。举例来说，日语的"鱼"，以片假名标示是"さかな"，以汉字标示是"鱼"，呈现不同的组合方式。玛雅文字也是如此，有以读音标示的方式，也有以一个文字标示的方式。另外，相同的文字既有简单的书写法也有复杂的书写法，前者称为"几何体"，后者称为"头字体"。若以日语为例，汉字有简单的"一"，也有复杂的"壱"，写法不同，意思相同。

再者，玛雅文字的有趣之处在于，只要读音相同，则可自由替换文字使用。这样的替换，类似于我们书写文章时，避免同样的词汇重复出现。由此也可看出，玛雅人的感情非常丰富。

玛雅文字

■ 玛雅文字

拼写美洲豹的例子

以玛雅文字拼写balam（美洲豹），可以以一个文字直接标示出美洲豹的意思，例如标记出"ba""la""m（a）"三个读音，或是，以表意文字再搭配"ba""m（a）"辅助的文字，有些类似标出日语汉字的读音，以防止误读。

玛雅的数字

0	1	2	3
4	5	6	7
8	9	10	11
12	13	14	15
16	17	18	19

玛雅历

Kin(1)

Uinal (20)　　Tun (360)

Ka'tun (7200)　　Bak'tun (144000)

（ ）内是日数的单位，例如1Kin = 1日，1Uinal = 20日，5Uina = 100日，10Tun = 3600日。

玛雅文字

179

文字·符号

卢恩文字

关 联

■奥丁
➡ P023
■纳粹党（德意志
民族社会主义工
人党）
➡ P139

源自北欧神话的魔术文字

　　卢恩文字，是自公元2世纪左右，以北欧国家、德国为主的日耳曼文明表记时使用的文字，被刻写在石头、树木或骨骸上。"卢恩"，有神秘、秘密、私语之意，因此在人们的印象中，卢恩文字不仅是古老文字，还是具有法术、魔力的文字。卢恩文字由24个文字组成，每个文字都各有意义，例如胜利的卢恩、风暴的卢恩等。所以刻下卢恩文字，也等于发挥了诅咒或魔法的力量。

　　在北欧神话中，卢恩文字是最高之神兼魔法师奥丁大彻大悟后获得的。为了卢恩文字，他不惜把自己倒吊在树上，以刺枪刺痛自己，经过了9天的苦修，快走到冥界的奥丁终于领悟到卢恩的精髓。在丧命之前，奥丁又返回现实，换言之，卢恩还蕴含着简直必须去到冥界才能取得的神秘力量。

　　现在占卜或法术也使用卢恩文字，纳粹的亲卫队之徽章也采用了卢恩文字。许多的魔幻小说和影视作品中也大量提及卢恩文字，将其描述为魔法文字，例如《魔戒》就是其中的名作。

卢恩文字

■卢恩文字的种类与含义

符号	发音	含义	英语
ⴼ	/f/	财富的卢恩。象征家畜的牛、财富。显示工作成功、获得财富、累积财富。	F
ⴹ	/n//:n/	公牛的卢恩。象征野牛、勇气。有勇敢、前进、挑战之意，显示克服困难。	U
þ	/θ/ /ð/	门的卢恩。象征巨人、刺、门。是代表试炼或忍耐的卢恩，也显示有试炼或障碍。	Th
ᚨ	/a/ /a:/	亚尔萨斯神的卢恩。象征神、口、情报。意味着情报的传达或知识。也显示有新的邂逅。	A
ᚱ	/r/	交通工具的卢恩。象征交通工具或骑乘物，意味着迁移或旅行。显示周遭有所变化、崭新的旅程。	R
ᚲ	/k/	火焰与起始的卢恩。象征火炬、光明、开始。显示照亮未来的崭新开始。	K
ᚷ	/g/	礼物的卢恩。象征礼物、结合、邂逅。又称爱的卢恩，显示接受好意或馈赠。	G
ᚹ	/w/	喜悦的卢恩。象征喜悦、成功、爱情。意味着幸福，或幸福即将到来。	W
ᚺ	/h/	风暴的卢恩。象征风暴或冰雹。意味着无法逃避的灾难、事件或纠纷。	H
ᚾ	/n/	忍耐的卢恩。象征欠缺、忍耐、束缚。显示必须压抑、经历苦难、懂得忍耐。	N
ᛁ	/i/ /i:/	冻结的卢恩。象征冰、冻结、停止。意味着事物停滞、停止或休息。	I
ᛃ	/j/	收获的卢恩。象征收获、循环。意味着收入、成果或季节的循环。	J
ᛇ	/æ/	防御的卢恩。象征紫杉、防御。显示某种的危险与防御之必要性，以及事物的终了与再度发生。	Y

符号	发音	含义	英语
ᛈ	/p/	秘密的卢恩。象征赌博、秘密。显示秘密的暴露、赌注、选择与成功的关系。	P
ᛉ	/z/	保护的卢恩。象征驼鹿、保护。意味着守护某事物或被守护。	Z
ᛋ	/s/	太阳的卢恩。象征太阳、胜利、生命力。显示成功、胜利或赢得健康。	S
ᛏ	/t/	战争的卢恩。象征提尔神、胜利、战役。显示战争或在战役中赢得胜利。	T
ᛒ	/b/	成长的卢恩。象征变化、诞生、成长。显示某种成长、养成或母性。	B
ᛖ	/e/ / e:/	移动的卢恩。象征马、移动、变化。显示自由，从跃动中显现事物的前进与好转。	E
ᛗ	/w/	人的卢恩。象征他人、自己。显示确立自我、良好人际关系或拥有贵人。	M
ᛚ	/l/	水的卢恩。象征水、感性、女性。显示敏锐的直觉、对美的感性、发挥灵感。	L
ᛜ	/n/	丰饶的卢恩。象征英格维神、丰饶、完成。显示收成、涌现活力。	Ing
ᛟ	/o/ /o:/	遗产的卢恩。象征领土、遗产。显示故乡、传统或必须传承某事物。	O
ᛞ	/d/	阳光的卢恩。象征日子、日常。显示丰富的日常、顺遂的生活。	D
空白的符文		空白的卢恩。象征宿命。通过占卜或法术显示将遭遇的宿命或命运。	—

卢恩文字

文学篇

日本的文豪都是怪人?

从文学作品可窥见作家的想象力，例如日本明治到昭和初期的文豪、诗人都是具有强烈个性的人物。以下就介绍几位代表作家。

● 芥川龙之介……以描写人的自我或生死为主，文笔略带讽刺语调，深受身心疾病困扰，最后服安眠药自杀，带给文坛巨大的冲击。

● 江户川乱步……书写推理小说，但因个人兴趣也擅长描写猎奇、残虐的作品，属于怪奇煽情派作家。

● 太宰治……反复不断地自杀，完成《人间失格》后竟真的自杀身亡，属于负面思考型作家。

● 中原中也……作品涉及虚无、反对常识或秩序的"达达主义"思想，也是酗酒成性的诗人。

● 宫泽贤治……拥有魔幻的世界观与卓越的语感，作品让人感受到与自然之交融，是不可思议之作家。

那些世界文豪作品中的名句

以下是世界文豪们的作品中出现的著名名句。

● "我最擅长的，就是一蹶不振。"
（弗兰兹·卡夫卡／《情书的一节》）

● "我们决不被人欺骗，而是被自己欺骗。"
（约翰·歌德／《箴言和沉思》）

● "沙漠之所以美丽，是因为在它的某个角落隐藏着一口井……"
（安托万·圣-埃克苏佩里／《小王子》）

● "比起他们十人、二十人的剑，你的眼睛拥有杀死千人的魔力。"
（威廉·莎士比亚／《罗密欧与朱丽叶》）

● "上帝与恶魔的搏斗，战场就在人们的心中。"
（陀思妥耶夫斯基／《卡拉马佐夫兄弟》）

● "对死亡的恐惧，不过是意识到无法解决的生存之矛盾。"
（列夫·托尔斯泰／《人生论》）

文学

Literature

神

克苏鲁

关 联

■克苏鲁神话
➡ P185

邪恶的神——克苏鲁

【1】1890—1937年，美国小说家、诗人。以描写以整个宇宙为背景的恐怖怪奇小说而闻名。那些被称为克苏鲁神话体系的作品，也为后世创作者带来了莫大的影响。他死后，他的弟子奥古斯特·威廉·德雷斯基于他的小说世界创作发表了克苏鲁神话。不过德雷斯又增加出旧日支配者与旧神的对立，形成了善恶二元论。有人认为克苏鲁神话扭曲了洛夫克拉夫特的世界观，因而不予支持认同。

【2】1909—1971年，是出身美国威斯康星州的小说家。设立出版社，专门出版洛夫克拉夫特的作品，并基于洛夫克拉夫特留下的作品生发出克苏鲁神话，且予以体系化。

所谓的克苏鲁，是基于霍华德·菲利普·洛夫克拉夫特【1】所描写的小说，而他的作家朋友奥古斯特·威廉·德雷斯【2】则由此发展出架空的神话体系"克苏鲁神话"，克苏鲁是其中的神祇之一。

关于克苏鲁，其基本设定是过去世界的太古神之一，故又称"旧日支配者"，负责祭司之任务。现在沉睡在名为拉莱耶的深海都市，深潜者随侍在旁。克苏鲁可以通过梦境进行心灵感应，据说会为世界的精神层面带来冲击，足以令人们走向疯狂。克苏鲁有着像章鱼的头，从脸部延伸出无数墨鱼的触手，手脚有着巨大的钩爪，身体覆盖的鳞片犹如山状的巨大橡胶物，背部则长着蝙蝠的翅膀。

当星辰转移到了适当的位置，拉莱耶就会浮出海面，克苏鲁也就复活了。彭培诸岛、印斯茅斯、秘鲁山岳一带有其信众，期盼着他的复活。

激浪

文学

克苏鲁神话

关联

■克苏鲁
➡ P184
■死灵之书
➡ P187

从恐怖小说诞生的近现代神话

【1】不受宇宙诞生的时间或次元法则的约束，是神性的存在。

【2】存在于宇宙的星球或地球等特定场所。从人类的角度看来，拥有神的力量，本身有着宇宙生物的外形。

　　克苏鲁神话，是起源于美国小说家霍华德·菲利普·洛夫克拉夫特，而后由众多作家引用且予以体系化的共同世界。这些作品描写了在人类诞生的之前，在太古时代即存在的异世界，以及与其相关的惊恐骇人故事。

　　克苏鲁神话的源起，是洛夫克拉夫特执笔所写的恐怖小说。当初并非神话，但他出借自己的概念给作家朋友们，众人展开了"创作游戏"，渐渐塑造出某个尚未完全成形的世界观。而后，自称是洛夫克拉夫特弟子的奥古斯特·威廉·德雷斯开始着手将其体系化，再加上其他作家们的跟进，终于确立"克苏鲁神话"。克苏鲁神话存在着"外神"【1】和"旧日支配者"【2】，具有强大的力量，还有许多侍奉他们的异形生物。其中又以克苏鲁最为有名。克苏鲁是栖息于地球的旧日支配者之一，现在处于休眠状态。当他栖息的拉莱耶浮出海面，他在信众的仪式下复活时，地球即将毁灭。

　　着迷于此世界观的粉丝遍布世界各地，也出现了许多以此为题材的小说或电玩作品。一如其名，的确是"神话级"的世界。

■ 克苏鲁神话的主要诸神之关系

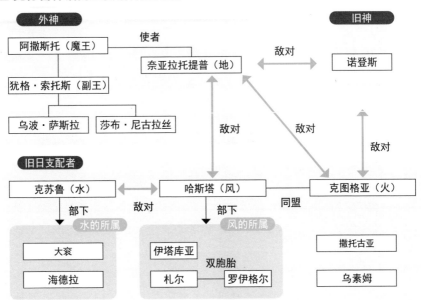

■ 克苏鲁与信众们

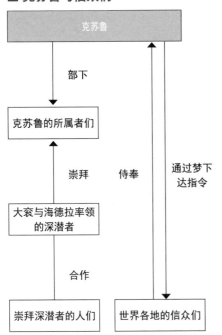

被称为克苏鲁神话的理由

　　克苏鲁神话体系中存在数量众多的邪恶之神，其中不乏阿撒斯托或犹格·索托斯之类比克苏鲁还要强大的存在。那为什么最终会取名为"克苏鲁神话"呢？

　　其实在德雷斯准备将克苏鲁世界神话化时，他还想过是否要取名为"哈斯塔"神话。但当看到洛夫克拉夫特为难的神情时，他放弃了这一想法。最后，德雷斯从他所敬爱的洛夫克拉夫特的作品《克苏鲁的呼唤》中取了"克苏鲁"一词，为这一神话系统命名。

克苏鲁神话

神话、传说

关联

■ 克苏鲁神话
➡ P185

《死灵之书》

出自克苏鲁神话的魔法书

【1】本书标题使用的是阿拉伯语不存在的单字，作者将其解释为怪物远吠、精灵远吠之意。

【2】在克苏鲁神话中，原本支配地球的神，目前因某些原因，行动遭限制。

　　《死灵之书》，是洛夫克拉夫特创作的架空魔法书。在克苏鲁神话中被设定为重要的道具，诸多继承克苏鲁神话世界观的各国作品也都出现了《死灵神话》。

　　其设定是，原典为8世纪左右由阿拉伯语写成的《阿尔·阿吉夫》【1】（或名为《基塔布·阿尔·阿吉夫》）。作者是阿卜杜拉·阿尔哈萨德，尽管他是阿拉伯人，但比起安拉，他更崇拜旧日支配者【2】。由于常出现不为人所理解的奇怪行径，故也被称为"疯狂阿拉伯人""疯癫诗人"等，相传他写完这本书后，就在大马士革的路上被看不见的怪物所吞噬。本书的内容涉及阿卜杜拉·阿尔哈萨德体验的秘术、来自宇宙的知识以及与外在世界诸神的联结方式、超越时间与空间的方法、关于魔导和旧日支配者们的一切。尽管不易读懂，却是了解旧日支配者或魔导的最主要魔法书，因此许多魔法师争相阅读。

超越时代且不断传承的魔法书

【3】16世纪来自英国伦敦的炼金术士、占星术士、数学家。是实际存在的人物，据说他可以与天使交谈沟通。

而后，《阿尔·阿吉夫》又出现于君士坦丁堡，由奥多鲁斯·弗列塔斯翻译为希腊语，标以"死灵之书"的标题。从此之后，该书书名即统一为《死灵之书》。由于是希腊语之造词，有"死者的法则之书""死者之书"之意。

到了11世纪，这本书被乐正教会视为危险图书，遭到焚毁。不过，炼金术师或魔法师仍秘密保存此书，并将之传于后世。13世纪，由希腊语翻译为拉丁语，16世纪约翰·迪伊博士【3】将其翻译为英语并出版。然而内容仍被视为亵渎上帝，不断遭到焚烧或禁止出版的处罚，因此完整的版本不易见到，市面上开始流传不完整的誊写本或伪本。

另外还有其他《死灵之书》的版本，例如《邪恶祭仪》、翻译杂乱的统称为《苏塞克斯手稿》的誊写本、密斯卡托尼克大学附属图书馆收藏的不同书名的《伊斯兰的琴》。由于伪书或不完整版本不断增加，原本已难掌握。据说，现存完整的誊写本仅有5册。

有关死灵之书的作品

与克苏鲁神话相关的作品，必然会出现《死灵之书》。最有名的是电玩《最终幻想》《传奇》和轻小说《魔法禁书目录》。因此，如今虽有人未听过克苏鲁神话，但几乎人人都知道《死灵之书》这本魔法书。

《死灵之书》

自然、数学

Nature · Mathematics

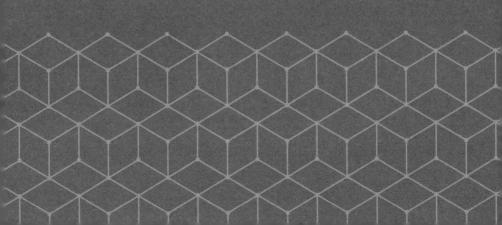

化学、物理

关联

■ 麦克斯韦的恶魔
➡ P227

永动机

从开发永动机的失败中发现的物理大原则

【1】能量守恒定律，是物理学基本法则之一，也是热力学第一定律。无论是电源、热能还是光等，都算是能量，彼此可以相互转换，不过无论如何转换，能量的总和是不变且固定的。

【2】一个封闭的系统若能量分布是不均匀的（譬如某些物体是高热能，某些则是低热能），我们就称它较为有序。然而随时间的演化，能量会趋向平均分配，系统内会达到热平衡，此时能量分布较为无序。要如何区分有序无序，定义一个函数叫熵，当有序时熵值较小，无序的时候熵值会最大，世界上所有封闭系统的演化都会趋向于熵最大的状态。这也就是熵增

所谓永动机，就是指不需要靠外力施与动能即能持续不断运作的结构。古往今来，许多科学家认真投入永动机的研究。若能成功，就不需要石油或煤炭了。但是，经过反复的研究，科学家发现永远不可能做出永动机。在思索为何无法完成时，进而造就能量这个词，发现了能量守恒定律【1】。高中的物理课如此定义这个法则："所有的自然现象的能量转换，关系间的能量的总和是固定的。"换言之，"能量不会突然涌现，因此永动机是不可能达成的"。梦想的失败换来了这个永恒定律。

永动机分为两种，一是企图逆转能量守恒的"第一种永动机"，也就是不借外力给予热源或能量，而是自行产生能量。科学家们拼命打造这般梦幻的装置，但如前所述，终究失败，甚至导出了能量守恒定律的法则。另一种是"第二种永动机"，以不破坏能量守恒定律为原则，机器装置可以从热源取出热能量以驱动机器，企图达到不断再利用热源的效果。不

恒定理，或叫热力学
第二定律。譬如一杯
热咖啡放在室温的环
境下，一段时间后咖
啡会凉掉变成室温，
此时能量是最低分
布，也是熵值最大的
时候。

过依旧失败，也因而导出"热力是由较高点往较低点
流"的熵增原理【2】。永动机的成功似乎不可得，但随
着不断地研究研发，人们却意外发现物理定律，倒也是
颇具意义。

即使如此永动机的开发仍不曾间断

热力学的两个法则，已是物理学的常识。1973年
美国的艾德温·格雷完成了类似永动机的EMA马达，
其他的科学家也陆续开发超效率逆变器。不过事实上，
结果都是令人质疑的。毕竟永动机仍是一种向往，自古
以来许多人都提出了似是而非的科学理论或貌似欺诈的
发明。长久以来，人们期待新能源的发明出现，科学家
们不断实验又仿佛不断回到原点，所有的一切都不是那
么容易取得的，仅凭着对知识的一知半解反而会带来
灾难。

永动机并无所谓的知识产权

现在仍有许多人热衷于永动机的发明。事实上，现代的日本认为并无永动机，
因此永动机并无所谓的知识产权。无论是法国还是美国，也都禁止永动机的知
识产权的申请。换言之，即使提出知识产权申请，也不会得到认可。

永动机

以太

现代量子力学前身

【1】所谓的狭义相对论是从光速不变原理所导出的理论。过去人们一直依据笛卡尔的理论，认为地球的转动会改变光速，但相对论提出光的传播具有固定的速度，等于是否定了笛卡尔的理论。

过去人们认为，声音借由空气传递，波浪借由海水传递，宇宙中也存在着传递光的某种物质。古希腊的亚里士多德依据神学的概念，以"以太"表达处空气上层且遍布于天际的物质。而该用语被用于物理领域，是在确定量子力学的基础以前的17世纪。勒内笛卡尔在1644年所著的《哲学原理》中主张"宇宙并非真空，以太毫无间隙地密布其中"。艾萨克·牛顿认为光是粒子，克里斯蒂安·惠更斯提倡光的波动说，不过他们都支持笛卡尔的论述。既然是这样，那么身处以太中的地球，应该会吹起以太的风，然而科学家们的实验证明，并无以太的风。

之后，阿尔伯特·爱因斯坦在1905年发表了"狭义相对论"【1】，指出电磁波的传递不需要介质，也就是实质上推翻了以太理论。在人类已经进军宇宙的现在，坚持宇宙空间被以太填满的理论已经过时了。

然而，从证明肉眼可见的光也是电磁波的一种，从而思考光的传导是否需要某种介质，这种想法本身还是有其意义的。

以太

■ 宇宙充满了以太的想象图

过去的科学家认为以太遍布宇宙，即使不是以太，宇宙中也必然存在着其他某种物质，想象如图所示。事实上，构成宇宙的物质，目前仅解开了4%，其他依旧成谜。

传递光的物质

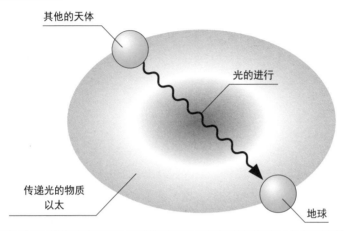

其他的天体

光的进行

传递光的物质
以太

地球

以太的存在究竟哪里不合逻辑？

一旦理解光波属于横波，以太理论也就不攻而破。面对光波的前进方向，介质必须是垂直振动，既然光波的传递方向是横向的，为了达到直角的传递，构成介质的粒子间必然紧密坚固。气体或液体等柔软的物质自然无法传递横波，传递横波的必须是固体的媒介。但是，宇宙不可能充满着僵硬的以太。这也是以太论不合逻辑的原因之一。麦克斯韦方程组认为光是电磁波的一种，与观测者的动向无关，光的速度是固定的。此理论与伽利略·伽利雷的相对性原理（相对者之间，对方的移动速度看起来是加上自己的速度的总和，因此与光同方向前进者来说，光的速度较慢，而相对者看起来，光的速度较快）相矛盾。

直到狭义相对论出现，种种研究都是为了打破这个矛盾。不过狭义相对论是基于实验得出的理论，一旦测定结果改变，有一天还是可能遭到推翻。

以太

数学

黄金比例

美丽的东西其实都有固定的比例

【1】1452—1519年。是文艺复兴时期最具代表性的意大利艺术家。除了《蒙娜丽莎》《最后的晚餐》等画作，还精通雕刻和建筑，甚至在科学领域也有所建树。

【2】1792—1872年。德国数学家。是提出"欧姆定律"的乔治·西蒙·欧姆的弟弟。所谓欧姆定律是导电现象中，抵抗流动的电流而产生的电位差法则。

世界上最安定、最美丽也最理想的形状是长方形。从二次方程式求得的正解是"黄金数"，依此比例完成的长方形即是"黄金矩形"，其纵横比例被称为"黄金比"。在古希腊，诸多艺术、美术、建筑作品都被认为趋近此比例，但人们真正有意识追求黄金比例，则始于文艺复兴时期。达·芬奇【1】的手稿留下了此发现，而黄金比例的用语最初出现于文献上，是在1835年德国数学家马丁·欧姆【2】的《基本纯数学》上。

具体来说，想要制作出黄金比例的长方形，首先必须先做正方形的abcd四点，bc边的中点o为分界线，以od为半径画圆。在bc的延长线取e点，ab与be的比例即黄金比。黄金矩形的特征是，此长方形以abef为四点，除去正方形的部分，长方形dcef也与长方形abef有着同比例的长宽。假设ab边长为1，be边长为x，1×x

（黄金比的长方形）

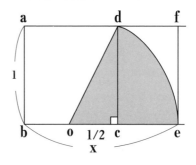

$= x-1 : 1$ 的 比 例，$x =（1+\sqrt{5}）/ 2$。$x =（1+$
$\sqrt{5}）/ 2$就是黄金数，在数学上以 Φ 为标记。这个 Φ
等于 1.61803398787……小数点以后无限循环，因此四
舍五入将黄金比例定为 1:1.618 或约 5:8。

从信用卡、液晶屏幕到数列都隐藏着黄金比例

【3】1170—1250年。
意大利数学家。13世
纪初期出版《计算之
书》，将阿拉伯数字
有系统地引入欧洲。
关于斐波那契数列，
其实印度数学家早已
发现，不过在西方他
是第一个提及此数列
的人，因而此数列以
他之名命名。

　　黄金比及黄金矩形，在现代处处可见。例如名片
或信用卡等的纵横比例多半采用了黄金比，液晶屏幕、
A4用纸的纵横比例也近似黄金比。除了黄金矩形外，
也出现了黄金比或黄金数，例如"斐波那契数列"。这
是意大利数学家莱奥纳多·斐波那契【3】在他的著作
《计算之书》提出："一公一母的兔子出生后，一个月
后每月产下一只兔子。请问这对兔子，一年后变成几对
兔子？"省略具体的计算方式，从第0个月到第12个月
的合计数以数列呈现是，"1、1、2、3、5、8、13、21、
34、55、89、144、233"，此数列带有月数、前两个月
的总和的特性。斐波那契数列的定义是，此数列中与相
邻数字的比，随着数字的增长慢慢会趋近黄金比例。数
学，果然是不可思议的世界。

到处都有黄金比例

　　无论是偶然还是蓄意，其实黄金比处处可见。若是偶然，像是植物的叶脉、
卷贝的断面图等，都可看到黄金比例。若是蓄意，整形外科追求的是从脚底到
肚脐的长，以及从肚脐至头顶长的比例，另外脸部的细部也要符合黄金比，才
称得上美丽。

数学

混沌理论

在规律里为何充满了随机?

【1】虽然初期值仅有些许的差异，但会衍生出完全不同的结果。混沌的特征是初期值敏锐性与奇异吸引子（仅能用来帮助非整数次元的吸引子或混沌理论之集合体）。

　　数学里的混沌，与其说是彻底的混沌，不如说更像是带有随机性的复杂现象，因而形成了理论。混沌并无必要的条件，不过有主要的特征：①从单纯的算式走向看似随机的发生；②可以预测短期的未来，却无法作出长期的预测；③初期值仅有些许的差异，却引发未来状态的巨大差异（初期值敏锐性【1】）。当出现这些特征，即可判断为数字性的"混沌"。

　　具体来说，例如在"a×p×（1-p）"的算式中（0＜p＜1，0＜a＜4），以表格表现p的推演。当a＝2、p＝0.3，代入后2×0.3×（1-0.3）＝0.42，将0.42代入p，以此类推。起初看似不规律，但渐渐呈现规律，最后p来到0.5。

　　若以a＝3.9代入，则与刚才的形状完全不同，呈现不规律的曲线，换言之无法预测长期的未来。这就是

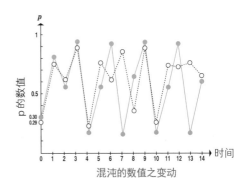

混沌的数值之变动

所谓的混沌。

混沌中，最重要的是初期值具敏锐性，像2与3.9这样微小的差距往往会引发混沌。举例来说，观测或计测数据，只要执行出于人为，而且数据掌握在小数点以下，就无法避免出现误差。

微小的误差却导致大落差的混沌

【2】1917—2008年。美国气象学家，在以计算机程序观察气象模型时发现了混沌。同时，他也提出了罗伦茨方程式解释混沌的运作。

【3】根据罗伦茨方程式，罗伦茨吸引子变量的集合，不是线形，而是近似蝴蝶的形状。

1961年，美国气象学家爱德华·诺顿·罗伦茨[2]，察觉到数据的混沌。他将气象数据输入电脑，由于小数点以下输入设定的不同，引发误差，最后竟导致结果的大落差。基于此，他发表了"尽管遵从决定论法则，但依旧无法预测长期的未来"的混沌概念。

1975年，美国的物理学家们将此复杂概念命名为"混沌"，自此罗伦茨所发表的混沌模型被称为"罗伦茨混沌"，而其显现的图形为"罗伦茨吸引子"[3]。从此以后，混沌现象被视为物理运动，人们对其展开了更进一步的研究，从而颠覆了物理现象流于决定论之既定思维。

何谓蝴蝶效应

"罗伦茨吸引子"的形状近似蝴蝶，再加上1972年罗伦茨的演讲标题是："不可预测——一只蝴蝶在巴西扇动翅膀会在得克萨斯州引起龙卷风吗？"因而衍生出"蝴蝶效应"一词。以"巴西飞舞的蝴蝶可能大大影响得克萨斯州的天气"之极端表现，说明了混沌理论。

混沌理论

宇宙

太空电梯

理论上太空电梯是可以实现的

【1】指的是从地球直通太空的轨道，常用于小说或解说书中，英语是"space elevator"。

　　所谓太空电梯【1】，指的是连接地面与宇宙轨道的电梯。轿厢沿着轨道上下垂直移动，与一般的电梯无异，不过，建造的高度达10万km。虽然如此巨大的建筑物很可能因自己的重量而崩解，但是理论上仍可建造。

　　地球随着自转而具有离心力，于是愈偏离地球，重力愈减弱，在赤道上空约3.6万km的高度，重力与离心力刚好达到平衡。所以，卫星等就被放置在这个静止轨道。再往宇宙前进，离心力更强，因此当离心力与重力达到平衡时，建筑物即能保持其高度不至于崩解。

　　事实上，关于太空电梯的构想，自古以来即存在。最早的记录是，苏联科学家康斯坦丁·埃杜阿尔多维奇·齐奥尔科夫斯基因看到1889年建造完成的埃菲尔铁塔而萌生了这一构想。后来将此构想发扬光大的是苏联的尤

里·阿特苏塔诺夫，他认为理论上可以建造通往宇宙空间的建筑物。然而，如何由地上往上建构，依旧无解，不过1960年他又发表了在静止轨道上建造的方法。如今，太空电梯的构想仍以此方案为基础。

实现与否最终取决于材料的开发

【2】所谓裂断长，是物质呈k均一粗的纽状，当往垂直方向延展时，该物质无法承受自身重量而裂断时的长度。各材质的裂断长不同，裂断长愈长，物质愈坚固耐重。

太空轨道最大的问题在于，物质的裂断长【2】。提到坚固耐用物质，人们立刻联想到的是钢铁，其裂断长是50km，强度是钢铁4～5倍的凯夫拉纤维，也不过是200km。欲制造抵达宇宙的电梯，必须采用5000km裂断长的物质，因此在20世纪80年代后期，技术研发尚不能及。

来到1991年，碳纤维领域出现碳纳米管这一划时代发现。碳纳米管的比重仅有铝的一半，而且拥有远超过钢铁的硬度。尤其是沿着纤维延展的强度高过钻石，理论上裂断长是1万～10万km。虽然还是理论值，实际情况仍是未知数，但的确可能将其开发用于太空电梯所需的轨道。研发宇宙相关机器的厂商表示，"只要确保开发预算与研发人员，相信20年后应该可以完成"。看来在不久的将来，太空电梯将不再是梦想。

最大的敌人是宇宙垃圾

为完成太空电梯，需解决的课题颇多，例如轿厢的动力问题、往下减速的方法，以及如何防止暴露在放射性物质下。现在的科学技术，已经可以解决诸多问题了，但最大的难题却是宇宙垃圾。现在，地球周围有3000～5000吨发射到太空的垃圾，以每秒10km的速度环绕飞行。因此，在太空电梯完成前，人类应该做的是清扫这些垃圾。

宇宙

关联

■暗物质
➡ P206

循环宇宙论

宇宙终将归于毁灭

【1】为补充说明宇宙大爆炸理论，而导入的初期宇宙的进化形态概念。这个时期，量子的不稳定性使得宇宙不断膨胀，膨胀到最后，甚至超出可观测的范围。

【2】宇宙膨胀后，随着量子真空的涨落，释放出膨大的热量。但这些热量会使宇宙形成超高温的火球。广义来说，宇宙膨胀也是大爆炸的一环。

【3】大爆炸后经过一段时间，宇宙进入冷却状态。温度下降，电子的运作缓慢，于是诞生了原子，散乱的光穿越空间，直抵远方。

宇宙诞生于约137亿年前，根据最有力的推测，历经了"宇宙膨胀"【1】—"宇宙大爆炸"【2】—"宇宙的黎明"【3】，银河和星球终于出现。关于宇宙膨胀论，认为是宇宙的膨胀加速，为了冷却而进入"宇宙大冻结"。

关于宇宙的未来，也有多种假说。有研究者认为，宇宙是不断循环的结果，反复不断经历膨胀与收缩的循环，再度大爆炸的宇宙，从此前循环中获得了能量，会变得比之前更为膨胀。如今的宇宙已是历经第50次循环后的模样。

在爱因斯坦的时代，科学家们就开始关注此理论，到21世纪更是发现了暗物质，循环宇宙论也更加完善。不过随着研究者的不同，此理论也出现了不同的版本。

循环宇宙论

科学、医学

催眠术

由磁石治疗衍生出的心理治疗法

【1】意指采用物理攻击、精神攻击、服用药物等手段，强制改变思想的行为。通过这样的行为就能自由操控被实验者，与以医疗为目的的催眠不同，是具有危险性的心理操控术。

　　提到催眠，一般人想到的通常是魔术表演，例如身体无法动弹或听从指令等。不过这里介绍的是催眠疗法是一种被用于心理暗示的技术。虚构故事里描述的人因被催眠而杀人，其实并不是容易的事，被催眠的人必须经过长时间的洗脑[1]，有些邪教中人或不正当的占卜师用洗脑术。

　　现在的催眠术，起始于弗朗兹·安东·麦斯麦（1733—1815年），他认为人类体内有动物磁性，借由操控动物磁性可以恢复健康。18世纪催眠术大流行，法国国王命令调查，结果发现其并无科学根据，催眠术因而遭到镇压。不过，西格蒙德·弗洛伊德采用了催眠术，19世纪詹姆斯·布雷德又开发了名为"凝视法"的催眠术，为精神治疗奠定基础，因此麦斯麦的确为后世带来了莫大的影响。

　　现在对催眠术的定义是，诱导人的意识进入潜意识，使得被实验者处于容易被暗示或容易被命令的催眠状态中。

催眠术

■ 催眠相关的部分

现在的催眠术是利用人的潜意识。弗洛伊德或荣格提出，平时未能觉察的意识就藏在深层的潜意识里，催眠术即抵达潜意识的技术。

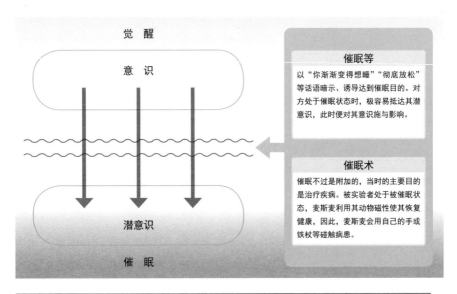

觉醒

意识

潜意识

催眠

催眠等

以"你渐渐变得想睡""彻底放松"等话语暗示、诱导达到催眠目的。对方处于催眠状态时，极容易抵达其潜意识，此时便对其意识施与影响。

催眠术

催眠不过是附加的，当时的主要目的是治疗疾病。被实验者处于被催眠状态，麦斯麦利用其动物磁性使其恢复健康，因此，麦斯麦会用自己的手或铁杖等碰触病患。

COLUMN

式微、无疾而终的巴黎催眠术

在维也纳大学学习医学的医师麦斯麦，在为女性患者施与磁石治疗时，认为不是磁石拥有的矿物磁性拥有疗愈效果，而是人体内的动物磁性发挥了作用。该观念颇类似于气功，也就是操纵体内的气。这种通过指压、凝视或乐器伴奏实现的催眠术，的确很不科学，反倒像是某种神秘学。1778年麦斯麦回到法国巴黎执业，声名大噪，引来法国国王路易十六指派调查委员会进行调查，最

后判定动物磁性并无科学根据也无功效。失意的麦斯麦于1785年离开巴黎，在声名狼藉与孤独中度过余生。

调查委员会认为即使是成功的治疗案例，也属偶发事件。也许的确是偶然的结果，但麦斯麦治愈了疾病也是事实。后人利用此技术发展出催眠疗法，尽管麦斯麦的理论无法有效治愈某些患者，不过在这颇不科学的医疗中的确潜藏着真正的医学。

催眠术

化学、物理

薛定谔的猫

关 联

■平行世界理论
~量子力学的世界~
➡ P208
■平行世界
➡ P217

为举证量子世界而诞生的那只猫

【1】研究电子、原子核、基本粒子等现象的物理学理论。量子具有极特异的特征，无法同时测定粒子的位置与运动量，既具有粒子的特征，又具有电磁波的特征，仅能以数学的方式记述其分布，因此对其进行解释和理解的方式引发了莫大争论。

【2】1887—1961年。奥地利物理学家。建构出波动力学，并提出量子力学的基本方程式"薛定谔方程式"。1933年获得诺贝尔物理学奖。

接续牛顿力学、狭义相对论，为物理学带来巨大革命的是"量子力学"【1】。随着科学技术的进步，物理学研究范围已扩展至物质的最小构成单位，例如分子、电子、量子。经发现，量子的运作并无规律。在量子力学中，必须具备"相互纠缠"的概念，例如原子有时会往上回转或往下回转，但这些都基于观测者的判断，如今无论是往上回转还是往下回转都属于相互纠缠的状态。

为解释此状态，于是出现了"薛定谔的猫"。这是奥地利的物理学家埃尔温薛定谔【2】提出的理论实验，他将纳米世界置换为现实世界以帮助理解与判断。概要如下。①准备可以感应放射性物质并自动释放氰化氢的计数器，将镭与猫放入箱子。②如果镭释放出放射性物质，计数器启动并释放毒气，猫死去。③猫的生死取决于放射性物质释放与否。④一小

放射物质

计数器

氰化氢

薛定谔的猫

时后，观察箱子内的猫是活着还是死去。由于是理论实验，所以重点在于物理哲学，也就是"如何看待这只猫"。薛定谔的重点在于，猫的生死已被决定，只有人类不知情罢了，以否定相互纠缠或概率解释。

猫既显示 50% 的死去，也显示 50% 的存活

【3】源自丹麦首都哥本哈根的尼尔斯·波尔研究所，为量子力学的解释之一。试图解释无论何种不同的状态，都是属于未知的状态，随着观测者实际观测，收缩波动函数，已决定了物体被观测的状态。

【4】普林斯顿大学的研究生艾弗雷特提出的理论，也是量子力学的一种解释。波动函数塌缩的制式化，却不影响实体，以解释伴随实体的并不仅限于现存的日常世界，还有其他的世界。

薛定谔之后又认定，"如此处于灰色地带的猫，终究仅能取决于人类观察时的结果（波束的收束）"，等于认同相互纠缠状态，但过去的实验并未思考波束收束的原因。此理论，就是所谓的"哥本哈根诠释"【3】。举例来说，释放放射性物质的概率是 50%，猫的生死概率就是 1：1。即使不打开箱子，存活的猫与死去的猫仍是1：1的相互重合状态。

另外，还有其他各种解释。例如观测到存活的猫的观测者与观测到死去的猫的观测者之间相互作用，也就是所谓的"平行世界理论"【4】。或是，外部环境的热作用的原因，在极短时间内收束波动函数的"量子退相干解释"等。总之，关于如何掌握量子的世界，为其提供了怎样的理论支持，众说纷纭。

动漫世界也频频出现的这只猫

作为理论实验的这只猫，也出现在科学领域以外的地方。尤其在动漫世界里，这只猫经常被用来作为思考多元世界的例子。诸如论及"拥有状态影响力的，是犹如神的观测者"或"这个世界必然存在另一个死亡的平行世界"时，其实都起始于薛定谔的猫之思考。

薛定谔的猫

宇宙

关 联

■ 外星环境地球化
➡ P212

宇宙殖民地

欧尼尔博士提出的人造宇宙殖民地

【1】地球与月球的引力相当的地点。已确定月球轨道上有数个这样的地点。

所谓宇宙殖民地，就是在宇宙空间打造与地球同样环境的人造殖民地。1969年美国太空飞船阿波罗11号，成功地开创人类登陆月球的历史。当时美国普林斯顿大学教授欧尼尔博士在讲课中，提出了宇宙殖民地的构想。

杰拉德·欧尼尔博士认为，只要在宇宙空间重现地球环境，并建造都市，借由移民数万或数十万的人口，即能解决不断激增的地球人口问题。该都市被命名为宇宙殖民地。此构想于1974年发表在《纽约时报》，广为大众所知。

而后，NASA（美国国家航空航天局）接手研究宇宙殖民地的构想。研究的结果，发现或许能在月球轨道上的拉格朗日点[1]，设置宇宙殖民地。目前在技术上，已经能达到打造宇宙殖民地的水平，唯一的障碍是资金。打造宇宙殖民地，需要相当于60兆日元的预算金额。要实现这一目的，必须组织超越宗教、文化的世界政府，否则根本不可能达成。

宇宙殖民地

宇宙

暗物质

关联

■超弦理论
➡ P210

■黑洞
➡ P224

浩渺宇宙中"看不见的某个东西"

【1】1898—1974年。瑞士籍天文学家。与沃尔特·巴德（德国的天文学家）共同发表超新星的研究，诸如超新星移向中性子星的过程或超新星是宇宙射线的发生源等。

【2】1928—2016年。美国女性天文学家。在观测仙女座星系时有了重大发现。

【3】分布图显示银河如何散布在广大的宇宙。从该地图可以找到距离现今25亿光年的约100万条银河。

占据广大宇宙的物质中，有着"肉眼看不见，却具有质量的某个东西"，被称为暗物质。事实上，从20世纪30年代开始，人们就猜测其存在。有学者指出银河聚集形成的银河团，若仅是星球等物质的重量未免太轻，必然存在什么人类看不见的物质。

1934年，弗里茨·兹威基【1】推测银河实际上的质量，比起用现有技术观测到的质量高出400倍，也因为如此，银河相互牵引而产生重力。随着技术的进步，20世纪70年代薇拉·鲁宾【2】观测到银河外侧与内侧的旋转速度并无差异，间接地发现暗物质的存在。20世纪70年代后期开始制作显示银河分布的"宇宙地图"【3】，从其观测结果中人们认识到若无暗物质的存在则难以说明宇宙。

2003年借助WMAP，人们探测到宇宙由22.7%的暗物质，72.8%的暗能量和4.5%的普通物质构成。另外，2007年，日美欧的国际研究组织发现了暗物质的存在，由于光受到折射，其背后的银河

哇啊那里有暗物质

形状也歪斜了。在调查歪斜状态时，制作出暗物质的三维空间分布图。该年NASA又以相同方法通过哈伯太空望远镜观测，确认暗物质的巨大环状结构。

找寻暗物质的真面目！

【4】尽管释放电磁波，但太幽暗，所以以目前的观测能力，尚且未能证实它是暗物质之一。

【5】基本粒子中的中性轻子。假设其是基本粒子未带电的阶段。过去，其存在仍只是假设，不过经由实验已证明其存在。

【6】理论上，对应费米子或玻色子，推测还存在着超对称粒子。最新的宇宙论——超弦理论是最有名的假设说之一。不过，现阶段的实验仍无法观测到超对称粒子的存在。

　　但是直到现在，我们依旧不清楚暗物质的真面目。为了突破困境，科学家们朝天文物理学或基本粒子学等方向研究。举例来说，从天文物理学的角度看来，有可能黑洞、白矮星、中子星、MACHO【4】等，都是由亚原子粒子构成的。此外，从基本粒子学的领域来说，有可能是中微子【5】、超中性子、电子、质子等超对称粒子，其中又以超中性子最有可能。不过要证明这一点，必须先证明超对称性理论【6】的正确性，因此事实目前还未明朗（事实上已发现的仅有中微子）。

何谓暗能量

　　宇宙存在着七成暗能量，而且无法证实其真面目。能了解的是，真空中的这股能量，带有无物质领域的负压力。爱因斯坦在思考静止无膨胀的宇宙时，认为反重力＝宇宙定数，不过有人否定此论证。但是就某种层面来说，这个宇宙定数或许就是暗能量。

科学、医学

平行世界理论

~量子力学的世界~

关联

■薛定谔的猫
　　　➡ P203
■平行世界
　　　➡ P217

观测者的行为会影响被观测对象吗

【1】在量子力学上，在观测前弥漫着粒子，不过这些粒子在观测的瞬间被约束于一点。一旦观测其状态时即是有所约制的，因此观测前如何弥漫，无从得知，由此帮助波动函数的收缩。哥本哈根诠释是量子力学的研究主流。

量子力学认为电子不是一点，而是分布存在的，又称电子云。观测者在观测的瞬间，电子被约束在某一点的位置上，此现象被称为"波束的收缩"。这种现象称为"波的收束"，即原本概率上存在于"某处"的电子，通过成为现实上可能观测的对象，而表现在了某个点上。其确定性是在被观测到的瞬间出现的，一旦停止观察，也许电子就会立刻跑到别的地方，也就是说观察者的行为影响了观察对象，导致了其确定性。这种和我们日常世界有些偏离的，对于特异世界的考察方式，广泛存在于量子力学中。这种解读，就被称为哥本哈根诠释【1】。

采取不同解释的是"艾弗雷特平行世界理论"。休·艾弗雷特三世认为，电子并不局限于观测者所观测的一处，观测者未看见之处，电子存在的可能性无限蔓延。

以薛定谔的猫为例，猫的生死并未确定，在打开关住猫的箱子的瞬间，猫处于既活着又死了的叠加状态。而这也就是平行世界理论。

■ 艾弗雷特的平行世界理论所造成的世界分歧

艾弗雷特认为，无论观测者如何观测，世界都不受到影响。换言之，即使观测者仅看到一个现实状态，依旧存在着观测者所未看见的其他现实状态。不过，观测者无法观测到现在所见的现实以外的状态，因而那个状态对观测者来说也等于不存在。

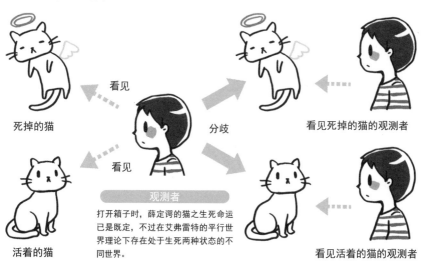

看见

死掉的猫

分歧

看见死掉的猫的观测者

看见

观测者

打开箱子时，薛定谔的猫之生死命运已是既定，不过在艾弗雷特的平行世界理论下存在处于生死两种状态的不同世界。

活着的猫

看见活着的猫的观测者

COLUMN

哥本哈根诠释与艾弗雷特的平行世界理论，你支持哪一个呢？

再回顾薛定谔的猫，在打开箱子的瞬间，生或死已确定的状态，这就是哥本哈根诠释。相对地，从打开箱子前直到打开箱子后，生与死两者皆同时存在，观测者自己也归属两种状态，且持续存在，则是艾弗雷特的平行世界理论。

人仅能认知到猫的一种状态，基于这样的事实，哥本哈根诠释的确较易为一般人所接受。至于除了所见的结果以外，还并存着其他状态的艾弗雷特的平行世界理论，则为相信平行世界的科幻迷所接受。虽然死掉的猫终究无法复活，死掉的猫的世界也无法转移到活着的猫的世界，不过只要想着活着的猫还存在于平行的某个世界，就不禁为它感到庆幸。如此说来，或许比较想相信艾弗雷特的平行世界理论吧！

平行世界理论～量子力学的世界～

科学、医学

超弦理论

关联

■ 暗物质
➡ P206

■ 黑洞
➡ P224

十次元的世界，最小的基本粒子是弦线

【1】利用检测微小基本粒子的加速器，进行冲突实验的学问。CERN开发了世界上最大的LHC，因而发现了希格斯玻色子或超对称性粒子，这成为重要的研究主题。人们也期待国际直线加速器机构开发出足以模拟重现宇宙大爆炸后高能状态的加速器。

超弦理论认为，最小基本单位是可以扩展为一次元的极小弦线，且是带有超对称性的。这个弦线的大小是10～35米。这是基于宇宙大爆炸后能量的统一，将其时间带来的能量换算为距离所得到的结果。过去以来号称拥有数百种类的基本粒子，不过是弦线的基本粒子展现的各种形态的震动，这个理论必须以十次元空间为前提。

人类居住的空间是XYZ轴，加上时间就是四次元，再加上演算从五次元来到十次元（包含超弦理论的最新M理论是十一次元），多次元根本是不能见的状态。

同时，还存在着几个待解决的问题。毕竟在物理上，并无任何方法可以论证五次元以上的时空。另外，尚未发现基于弦理论的超对称性超弦理论中的超对称性粒子。不过，随着CERN（欧洲核子研究机构）的LHC（大型强子对撞机）的发明，期待可以通过检测极小黑洞，验证出五次元以上的时空。这些都属于高能物理学【1】的崭新领域，也象征着解开宇宙之谜的可能性。

超弦理论

■ 超弦理论的世界

从五次元到十次元的"多次元"，是被折叠到极小的尺寸，属于人类无法感知的状态，因此对其进行观测需要极端先进的技术。

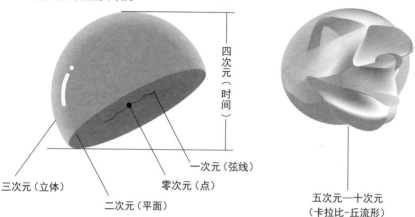

包含未知次元的十次元

四次元（时间）

一次元（弦线）

零次元（点）

三次元（立体）

二次元（平面）

五次元—十次元
（卡拉比-丘流形）

随着希格斯玻色子的发现，即能逐渐解开宇宙之谜

超弦理论基于弦理论，而南部阳一郎是提倡弦理论的学者之一。他发现了对称性自发破缺，因而于2008年获得诺贝尔物理学奖。所谓对称性自发破缺，是指在某个机缘下物理系统形成非对称性。举例来说，人类本来是左右手皆惯用，但因对称性破缺，变成惯用右手者为多数。随着这样的对称性破缺，论证出引发能量的小波浪，因而预测宇宙充满了希格斯玻色子。这些希格斯玻色子相当于其他的基本粒子，也具有衍生质量的任

务。只要找到希格斯玻色子，似乎就可以找到宇宙物质具有质量的理由，以及人类存在的理由。

2013年3月发现崭新粒子的新闻震撼了全世界。如果那真的是希格斯玻色子，也等于论证了标准理论。根据标准理论，宇宙中目前得以解释的物质仅占全宇宙的4％，剩余的都是未知的黑洞等。因此，超越标准理论的崭新领域的研究，显得十分迫切，也更受一般大众所瞩目。

超弦理论

宇宙

关联

■宇宙殖民地
➡ P205

外星环境地球化

不能居住，就打造成可以居住的星球的改造计划

【1】是NASA长期进行火星探查的"火星探测漫游者计划"中最初发射的探测器。于2007年发射，2008年抵达火星的北极，探查到水与二氧化碳的冰（而后因火星的冬季来临，机器功能下降进入冬眠，终于断讯）。之后NASA发射的火星科学实验室，在2012年抵达火星，继续展开范围更广的探索与调查。

【2】ESA（欧洲航天局）于公元2003年发射的火星探测器，当时小猎犬2号也被一同发射，但着陆失败，所以由火星快车号继续火星探查的任务。

　　人口持续增加，地球资源也随之枯竭，且衍生出种种环境问题。在这样的情况下，人类考虑到延续存活的问题，于是出现宇宙殖民或外星环境地球化的计划。所谓"地球化"，是用人工方式改变其他星球的环境，以使其达到适合人类生活的环境。仿若科幻情节，不过事实上，论文《行星金星》（1961年）已论及如何改造金星环境，基于此，科学家们开始认真研究其方法或必要的技术。

　　现在最火热的移居行星是火星。根据20世纪70年代的探查，火星是既无水也无生物的星球，不过此结果的得出受限于当时的技术。随着科技日新月异的发展，通过探测器所收集的数据，NASA终于在1991年发布"火星的环境地球化"的构想——并且是实践性与实效性极高的计划，也加强展开了对火星的探查与技术的开发。根据最新的美国探测器"凤凰"号【1】和欧洲探测器火星"快车"号【2】的调查，火星的南北两极地下蕴藏大量的冰，冰对生物来说是重要的水资源，也为移居外星带来莫大的希望。

外星环境地球化

212

■ 火星的环境地球化案例

火星的基本资料

- 赤道半径不足地球的50%。
- 重力是地球的近40%。
- 表面积是地球的约25%，与地球的陆地面积大致相同。
- 自转周期近24小时又40分钟。
- 由于公转在地球的外侧，火星的一年相当于地球的687天（1.881年）。
- 自转轴倾斜，与地球一样有着四季。
- 大气层薄，仅是地球的1%以下。95%是二氧化碳，3%是氮气，1.6%是氩气。另外，也确认存在甲烷，尽管量少，但存在于大气本身，因此会出现水蒸气的云或大规模沙尘暴。
- 平均温度-43度，气温差高达-135度至0度。
- 地表由玄武岩与安山岩构成，土壤含有丰富铁质，颜色呈红色。
- 奥林匹斯火山是比地球的珠穆朗玛峰还大3倍的巨大火山。
- 南北两极，存在着覆盖干冰与冰的极冠（覆着冰的高纬度地域）。

第1阶段　暖化火星

由于气温实在过低，首先利用地球暖化的结构，于火星施以氟氯碳或甲烷。接着在火星的地面铺上黑色的碳原子，并于火星轨道上的空间设置镜子，反射太阳光，让火星得以照射到阳光。这个过程所需时间是数百年。

第2阶段　满溢二氧化碳

随着暖化，火星两极的干冰（二氧化碳的冰）溶解。溶解后，火星会充满二氧化碳。让太阳的能量得以留存在火星的大气中，促进气温的上升。

第3阶段　造出海洋

火星的永久冻土开始融解，于是形成海洋（大气主要成分的二氧化碳，造就了海洋），如此一来，火星的样子就完全趋近太古时期的地球样貌，火星自此也展开地球的形成过程，即以人为方式打造出星球环境。

第4阶段　促进植物的生息

提到地球的进化，其实需要耐心等待生物的演化，通过植物的光合作用产生有机物与氧气。若要从地球带去动植物，等于是中断了演化的过程。因此，首先是将藻类放进海洋中，随光合作用产生氧，渐渐促成其他植物的生长。

■ 发射登陆成功的火星探测器

探测器	国家	解说
水手4号	美国	1964年第一次成功飞越火星。
水手6号	美国	1969年，自火星行经3550km，传送74张火星表面照片。
水手7号	美国	1969年，自火星行经3550km，传送126张火星表面照片。
水手9号	美国	1971年，首度进入火星轨道，翌年拍摄了70%火星表面的模样。
海盗1号、2号	美国	1976年，1号、2号皆进入火星轨道，登陆机登陆火星，传送火星地表的清晰照片。
火星全球"探勘者"号	美国	1997年，进入火星轨道，成功制作了火星的详细地图。
火星"拓荒者"号	美国	1997年，登陆火星，除了拍摄，也观测火星的磁力、气压、温度和风。
2001火星"奥德赛"号	美国	2001年，进入火星轨道。发现火星表层有水的痕迹，并勘察了地表的矿物分布、放射物质。完成基本的探测，而后又作为火星探测器的通信之用。
火星"快车"号	欧洲	ESA第一次发射的行星探测器。2003年进入火星轨道，登陆机的小猎犬2号登陆失败，由主机继续探查。
火星探测漫游者	美国	"精神"号与"机会"号于2004年登陆火星，开始着手勘查火星的水资源，并尝试找到证据。其中的"机会"号，不断更新地球外的行走距离纪录。
火星侦察轨道卫星	美国	2006年进入火星轨道。具备高分辨率照相机、分光器、雷达等高科技设备，进行地形、地层、矿物、冰的解析，并且打开行星间网络通信系统的第一步。
"凤凰"号	美国	2008年，登陆火星的北极，挖掘北极域的地表，直接探测火星的地下水，以调查过去与水相关的资讯。
火星科学实验室	美国	2012年探测器登陆火星，搭载着重量是火星探测漫游者的5倍与10倍重量的科学探测器。
Maven	美国	为一般研究机构的提案，2014年进入火星轨道，主要是调查火星的大气层。
火星轨道探测器	印度	2014年，进入火星轨道，领先日本、中国发射升空，是亚洲首个抵达火星的探测器。

外星环境地球化

宇宙

关 联

■黑洞

➡ P224

奇异点

让物理学家大伤脑筋的宇宙之点

【1】又称史瓦西度规。事件视界是区隔黑洞外与内的界线，越过此线就会被黑洞吸入。另外，从奇异点到事件视界之间，则是史瓦西半径。

【2】公元1931年生，英国的宇宙物理学家。提出事件视界与宇宙审查假说。

根据大爆炸理论，宇宙是从一个点膨胀到现在的大小的，换言之，数十亿年前宇宙起源时，所有物质都聚集在一个点上。那就是奇异点，蕴含着无限大的能量。

奇异点存在于黑洞的中心，不过，这个奇异点在"事件视界"【1】的内侧，通常无法被观测到（等于不存在）。但是最近的研究显示，依旧存在着未被事件视界所覆盖的部分，也就是裸露出的奇异点——"裸奇点"。

只要不干涉到世界，奇异点的存在并不成问题，不过可以观测的场所若存在着奇异点，这件事本身就是个大问题。等于在对于所有现象皆可以借理论说明的物理世界，存在着不适用于物理法则的疑点，这无疑困惑着物理学家们。

于是，罗杰·彭罗斯【2】提出自然界存在着不允许裸奇点被发现的某法则，也就是"宇宙审查假说"。感觉上像是，裸奇点即将被发现时，就应该阻止那个监看宇宙者。不过在此假说尚未成立前，裸奇点是否存在依旧是谜。

奇异点

■ 黑洞的奇异点

　　黑洞依其特性可被分为不同种类，奇异点的形状也因而有所不同。举例来说，史瓦西黑洞的奇异点是点状，而转动的黑洞的奇异点则呈环状。被后者的黑洞吸入后还有逃脱的可能。

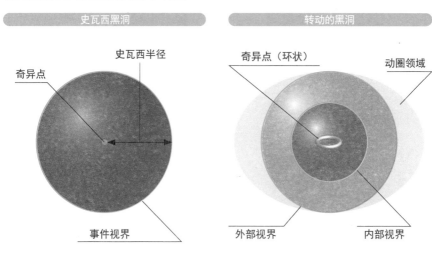

史瓦西黑洞

奇异点　　史瓦西半径

事件视界

转动的黑洞

奇异点（环状）　　动圈领域

外部视界　　内部视界

■ 被视为不能观测的奇异点

奇异点存在于暗黑天体黑洞的中央。
以现在的科学能力无法观测，所以究竟为何物，依旧未明。

宇宙

先锋异常

穿越太阳系的探测器，为何会减速？

【1】NASA的行星探查计划，也是先锋计划所开发的行星探测器。先锋10号于1972年发射升空前往木星，探查后往外宇宙前行，至今仍在飞行中（不过，2003年失去联系）。有人预测是遭遇了地球外的生命体。该探测器搭载着绘有简单地球人图形的金属板。

【2】先锋10号所搭载的动力源。是借由放射元素的原子核崩坏所产生的能量发电。电力寿命长，常使用于人造卫星或行星探测器等，目前也使用于绕行地球轨道的太阳能电池板。

1972年发射升空的先锋10号【1】，是史上首次穿越太阳系的木星探测器。该探测器在观测木星后，来到穿越太阳系的轨道，但在1980年越过天王星轨道后并未按照预定轨道运行，而是朝着太阳系中心加速移动。此现象被称为"先锋号异常现象"。

究其原因，有诸多可能。现在被视为最大可能的是，核电池【2】或探测器产生的热辐射造成了推进力。核电池产生的热辐射本应该是均等的，也许是不均一或不均等的热辐射过大，于是引起了无法预期的推进力。为了探究原因，实验模拟重现探测器的温度数据，发现2011年时无法预测的推进力最大，极可能引发事故。尽管如此，仍只能通过模拟实验解释该现象的30%。

先锋异常

化学、物理

平行世界

关联

■ 平行世界理论
~量子力学的世界~
➡ P208

■ 超弦理论
➡ P210

■ 跨越时间
➡ P252

"如果"的世界与你的世界并存吗

【1】1942—2018年。英国的理论物理学家，是著名物理学家，提出霍金辐射、黑洞蒸发、奇异点存在等概念。

【2】霍金根据对称性量子论导出的现今宇宙的根源。

与这个世界并行存在着某世界，即所谓的平行世界（并行世界）。"如果那样的话，又会如何？"的"如果"的世界，是科幻作品长久以来探讨且推陈出新的题材，近年来更常见于动漫、电玩等。

不过，此概念并非仅止于想象，实际上根据物理学的理论，是可能存在的。举例来说，量子力学认为现象决定概率，因而存在着无数的可能性，依据艾弗雷特的平行世界理论，这些可能性迥然不同，等于说明并存着各种世界。英国的理论物理学家斯蒂芬·霍金【1】提出的"婴儿宇宙"【2】，超弦理论也包含平行世界理论的部分内容。

原本以为不合科学的平行世界，如今已完全跟得上科学的脚步了。

何谓时间悖论

时间悖论是指，通过时间旅行改变历史，将导致因果关系不一致的。时间悖论也经常被用来说明平行世界，由于历史的改变，时间轴出现分叉。在量子力学理论中，物理性的相互作用也扩及时间，因此历史改变，也促成基本粒子再建构世界，以此解释就不至于产生矛盾了。

平行世界

化学、物理

VR & AR
～虚拟真实 & 实景拓展～

融合现实世界与假想世界的革新技术

【1】2016年，利用VR、AR等技术，衍生出各式各样的多媒体，因此将2016年定为VR元年。

【2】VR眼镜或VR头套等，总之是为了顺应VR多媒体的各种设备。

　　近年来，经常听闻的VR（virtual reality，虚拟真实），是通过电脑营造出空间或物体，经科学技术制造出宛如现实中的觉知感受。VR元年【1】以来，此技术被更充分地运用于各个领域，如家用电玩、智能手机等。人们通过专用机器【2】，得以体验VR的多媒体不断推陈出新。另外，电玩为了吸引更多玩家，也加入VR元素，让玩家可以感受到前所未有的临场快感。

　　与VR同样不断得到普及的是AR（augmented reality，增强现实）。AR是通过电脑技术，将虚拟信息应用到真实世界的技术。举例来说，智能型手机或平板计算机的相机可以拍下现实世界的影像，而实际现场所未能呈现的影像或CG（计算机动画）则可通过AR表现。这些AR技术中，有利用GPS或加速器装置的"location-based AR"（基于位置的AR）、利用相机读取事先的装置标记借以重叠影像或画像的"Marker型vision based AR"（基于视觉的AR）。

　　今后这类的技术将更加普及，未来势必会出现前所未有、崭新的多媒体。

VR & AR ～虚拟真实 & 实景拓展～

VR 和 AR 之外也有其他适用于假想世界的技术

　　除了 VR 或 AR，也有其他适用于假想世界的技术，那就是 MR（mixed reality，复合实境）与 SR（substitutional reality，替代实境）。

　　首先，MR 是融合 CG 等人工创造的虚拟世界与现实世界的技术。与在现实世界反映虚拟世界的 AR 相似，不过 MR 的规模显然更大。举例来说，周围的整个景观可以变成一个虚拟的世界，或是在房间里配置虚拟的物品。

　　所谓 SR 则是利用事先录好的音乐或影像等，让人错以为本来不存在于此的人物或事件仿佛是存在的。

　　与 VR 或 AR 不同，MR、SR 的技术实用化仍属难题，因此目前尚未能普及，不过蕴含着无限的可能，也是备受诸多产业瞩目并努力开发的技术。

■ 使用 VR 或 AR 所需的机器

　　可以使用 VR 或 AR 的机器各式各样，不过最随手易得、几乎人人享有的就是智能手机或平板电脑。至于搭载 AR 功能的相机等，仅需要通过简单的安装即可使用。要应用 VR 的 App，只要准备主机与 VR 眼镜（VR 头套）的设备，即能通过网站享受 VR 带来的互动娱乐体验。

智能型手机和平板计算机

VR 头套

VR & AR ～虚拟真实 & 实景拓展～

219

数学

费马大定理

谜样的笔记造成令人费解的难题!

【1】该定理是，直角三角形的斜边长之二次方，是其他两边的二次方之和。是依据古希腊数学家毕达哥拉斯的轶事而命名，此定理自古以来即存在。

【2】1608—1665年。法国数学家，与帕斯卡共同提出概率论的基础，并与笛卡尔通过书信创立解析几何学等，留下了诸多的论述。

【3】约公元246—330年。是古希腊的数学家，有"代数之父"之称，著有多达13卷的《算术》。

　　在数学领域，存在着先设立某假设或假想，再彻底证明，以完成定理的传统。然而在这样的数学界，仍存在着历经360年依旧无法成功证明的定理，那就是"费马大定理"。概略说明，就是依据著名的勾股定理【1】"$x^2 + y^2 = z^2$"所提出的，当"$x^n + y^n = z^n$""当整数$n > 2$时，$x^n + y^n = z^n$没有正整数解"。

　　17世纪法国数学家皮耶·德·费马【2】，因阅读了古希腊数学家丢番图【3】的著作《算术》而假想了此定理。由于他习惯在书本的空白处写笔记，所以《算术》的空白处散落着他的推导过程，有些部分的省略是造成费马大定理的最大要因。费马死后，他的儿子萨穆尔将他发现的48处随手笔记放入《算术》，并出版问世。

　　这些随手笔记提到，"不可能将一个三次方数写成两个三次方数之和。或是，不可能将一个四次方数写成两个四次方数之和。一般来说，次方大于2时，这个次方数不可能写成两个次方数之和"。这些随手笔记似乎是定论，但却无法得到证明，因而被称为"费马大定理"，引发了诸多数学家挑战。

证明费马大定理的漫长道路

【4】1927—1958年。日本数学家，提出谷山-志村猜想，但31岁时在若狭自杀身亡。

【5】1930年至今。日本数学家。谷山丰自杀身亡后，他继续研究，将谷山-志村猜想予以定式化。

【6】复数平面上的半平面的值，以对称性良好的特殊方式达到对称函数。

【7】1953年至今。英国数学家，除了证明费马大定理，也进行椭圆曲线论或岩泽理论的研究。他在10岁时读到费马大定理，为此才走上研究数学的道路。

为了证明此定律，最初是逐步检视n的数，从公元18至19世纪，数学家分别以n＝3、4、5、7代入证明（4是费马所提出的），然而在漫长的历史中，总是某个人提出证明后，又被其他人指出缺失处。后来通过几何学，才终于看到些许曙光。1955年谷山丰【4】提出猜想，志村五郎【5】定式化**谷山－志村猜想**，认为"所有的椭圆曲线都是模形式【6】"。

1993年，英国数学家安德鲁·怀尔斯【7】挑战了谷山－志村猜想，并通过各种方式耗费7年的时间证明费马大定理。经逐步修正错误，在1994年发表。但为确保证明无误，于1995年再度确认。于是历经360年无解的数学界大难题终于得以解决。

其他数学超难题

除此之外，数学界还有"庞加莱猜想""黎曼猜想"等难题。前者经过上百年终于得以证明，后者自1859年发表以来至今尚未解决。

费马大定理

化学、物理

双胞胎悖论

关于双胞胎年岁增长的变化

【1】"真空中光的速度，与光源运动状态无关""在任何惯性系中，物理学定律具有相同的形式"，这两大原理是物理学的基础。

【2】1872—1946年。法国的物理学家，研究原子的构造、磁性的起源，并借石英成功传输超音波。

【3】牛顿运动定律成立的参考系，通过惯性系描述物体的运动状态时，在不受外力的情况下，物体会按照匀速直线运动。

　　双胞胎悖论是基于狭义相对论的，关于运动中时间变慢的悖论。从爱因斯坦的时间悖论中受到启发，1911年保罗·朗之万提出双胞胎假设，其概要如下：有一对双胞胎兄弟，弟弟留在地球上，哥哥乘上以接近光速的速度行驶的火箭飞向宇宙尽头，又回到地球。从弟弟的角度来看，哥哥一直在运动中，那么根据狭义相对论，哥哥的时间较慢，则哥哥回到地球时，会比弟弟更年轻；而从哥哥的角度来看，一直在运动状态的弟弟时间较慢，则弟弟会更年轻。两者的结论互相矛盾，形成悖论。

　　这个问题经常被用于指出狭义相对论是错误的，不过事实上并无矛盾。因为弟弟在惯性系【3】的地球，搭乘火箭的哥哥在出发时或转弯时虽处于加速系，但只是暂时的。因此，双胞胎的运动并不处于相对状态，因而不需要考虑到哥哥的观点，的确"哥哥的时间较慢"。

数学

分形

无论是部分还是整体皆不可思议的图形

【1】1924—2010年。法裔美籍数学家，他发现金融市场的价格变动不呈正规分布，而呈安定分布，遂提出分形理论。

【2】瑞典数学家尼尔斯·法比安·冯·科赫的发现。三等分线段，以分割的两点为顶点制作出正三角形，如此反复的结果即能得出分形图形。

【3】波兰数学家瓦茨瓦夫·谢尔宾斯基的发现。正三角形的各边之中心相互连接，即可裁切出正三角形，剩余的三个正三角形，也依同步骤裁切，如此反复后所呈现的图形。

分形是数学家本华·曼德博【1】提倡的几何学概念，他将部分与整体相似的形体称为分形。这类分形常见于大自然，例如海岸线的形状、树木的枝节、云朵的形成等。过去的"科赫曲线"【2】或"谢尔宾斯基三角形"【3】等，即认为分形的确存在。不过，在证明时仍遭遇计算上的极限。于是，1980年本华·曼德博利用电脑展开研究。

本华·曼德博首先提出"X2＋c"的公式，$c=-0.5$，$X=0$时的答案是-0.5，以-0.5代入X计算，将得出的答案再又代入X计算……如此反复，X的值从-0.5、-0.25、-0.5625、-0.18359375，渐渐来到-0.3660（当$c=0.5$的正数时则无限扩大）。因此从$X=0$开始，无限且无法逃脱的c值的集合，则被称为"曼德博集合"。X或c代入二次元的复数参数，即能完成二次元的曼德博集合，该图形因应X值看似舞动着，但无论如何扩大，图形的部分与整体都相似。

宇宙

黑洞

关联

■奇异点
➡ P214

黑洞的诞生

【1】构成物质的原子彼此融合，形成较重的原子核。太阳等的恒星之所以会绽放光芒，是因为核聚变放射能量的缘故。

【2】构成星球的物质往星球的中心陷落的现象。

　　黑洞是比太阳重数倍的星球死亡后的最终模样。要说明黑洞的形成，必须先说明星球的诞生。

　　宇宙中漂浮着无数的物质，这些气体或微粒子聚集如云朵，随着物质彼此间的引力作用，逐渐凝缩。在不断凝缩的过程中，密度增大，然后发热，开始绽放光芒，这就是星核。星核自我收缩，开始释放内部的能量，并与收缩的力量达成平衡，最后星球终于稳定下来。

　　如此诞生的星球，一边制造较重的元素改变较轻的元素以促进核融合【1】，一边释放能量。不过，较轻的元素使用殆尽，仅剩下较重的元素时，星球反而消耗自我的能量，随着重力产生了**自我塌陷**【2】。塌陷造成星球较重的中心开始吸收能量，为抵抗自我塌陷而往地壳挤压。如此一来，地壳的翻动遂引发**超新星爆发**。

　　超新星爆发后，星球的芯还留存着，重量较轻者，构成星球的物质为抵抗塌陷，开始停止收缩。此时，随着星球各自的重量，分别转变为白色矮星或中性子星。不过，较重

的星球的重力强大，构成星球的物质无法再对抗重力，随着不断的收缩，在星核的重力作用下，自己不断被吸入自己的核心，最后形成了黑洞。

被吸进去会怎样呢

【专有名词】

白洞是广义相对论提出的假想，与黑洞相反，白洞可以吐出物质。与黑洞成对的是虫洞，利用虫洞的移动方式"曲速"经常出现于科幻作品。不过，虽然在数学的领域白洞是成立的，但其存在实际上尚未被证实。掉进黑洞不可能毫发无伤，因此就算白洞存在，以目前的科技也不可能有效利用。

如此形成的黑洞，由于重力过大，周围的空间是歪斜的，于是与其他空间之间产生间隔。黑洞缺乏物质性的壁障，从外面可以进入里面，但因为引力无法从里面脱离到外面。因此，黑洞等于是宇宙的一个陷阱。

另外，愈接近黑洞的中心，重力也愈大，据说中心点更是无限强大。举例来说，人类若失足掉落黑洞，脚的作用重力强过头的作用重力，而且愈接近中心部，反差愈强。再加上压缩力的作用，人体会往纵向延展，而横向不断挤压，最后终于不堪重力，在抵达中心点前死亡。粉碎后的人体在落下时不断压缩变小，直到完全消失无踪。

有将近 20 个候补黑洞

黑洞的存在，是 1915 年德国天文学家卡尔·史瓦西预测的。不过，黑洞无法反射光源，因此无法被直接观测到。那么该如何找寻呢？由于黑洞周围的气体或尘埃撞击时会产生 X 射线，科学家便观测这些 X 射线。借由对 X 射线的观测，发现"天鹅座 X-1"等 20 个候补的黑洞。

黑洞

数学

乌鸦悖论

天下的乌鸦一般黑?

【1】1905—1997年。出生在德国的科学哲学家。作为代表伦理经验主义的哲学家，提出了科学性说明基本型的两种模式，按"演绎向"和"法则向"两条线拓展了科学说明领域。

【2】基于特殊的个案，得出一般普遍法则的推论方法。数学上的归纳法，其实不同于逻辑学的归纳法，归纳法又称演绎法。

【3】研究逻辑成立的论证构成或体系的学问。原属哲学的领域，但数学发展后，又衍生出数理逻辑学这一崭新领域。

这是德国科学哲学家卡尔·亨普尔【1】针对归纳法【2】，于1940年代所抛出的问题。概要说来，就是以"天下的乌鸦一般黑"为命题，以反证法证明之。所谓反证法，举例来说，"A若是B的话"的反证是"若不是B也不是A"，如能证明反证，就等于证明了命题。换言之，为了证明"天下的乌鸦一般黑"，只要能证明反证"所有不是黑色的不是乌鸦"，纵使不一一调查每只乌鸦，也能清楚明白命题属实与否。

但是从我们的日常感觉上来说，这就变得有些怪异。毕竟实际上"不是黑色的"东西多如繁星，要将它们做一个全部的调查从事实上来看是不可能的。而要证明这个不可能的事情也是缺乏常识的，用此来作为说服对方的手段，更是不合适的。但是从逻辑学【3】的角度上来看，亨普尔的理论并无任何问题。举例来说，在常理范围内详细调查证明命题的情况下，反证论法是有效可行的。顺带一提，"天下的乌鸦一般黑"这个命题已经得到反证了，因为东南亚等地的乌鸦并非全是黑色的。换言之，此反证是错误的。

化学、物理

麦克斯韦的恶魔

关联

■ 永动机
➡ P190

打击热力学定律的捣蛋恶魔

【1】1831—1879年。英国理论物理学家，确立古典电磁学，堪称电磁气学领域最伟大的学者，推测出了电磁波的存在。

【2】热能是从热量较高的物体处往热量较低的物体处移动，不可逆。所谓的熵是衡量无秩序的指标，显示孤立体系下熵不会减少。

【3】从物质的宏观性质看待处理热现象，属于物理学的领域。是利用能量、温度、熵、体积、压力等的物理量来记述。

英国物理学家詹姆斯·克拉克·麦克斯韦【1】提出的理论实验，概略如下。

① 准备一个充满同一温度的气体的容器，插入隔板分出A、B空间，在隔板上打出小洞孔。

② 假设，可以看见分子的存在（即恶魔的存在），随着小洞孔的开合，速度较快的分子移动到A空间，速度较慢的分子则企图去B空间。

③ 反复此动作，即使恶魔不出手捣蛋，A空间的温度也会上升，而B空间的温度下降。

但是，熵增原理【2】与恶魔的作为矛盾。麦克斯韦是为了理论实验上的假想，才提出这个恶魔论。不过，为了达成永动机，在热力学【3】领域却是认同这个恶魔的作为，科学家们也费尽心力以求解开恶魔的所作所为。目前最有力的研究认为，小洞孔的开合在于热力与分子记忆的消散，整体的熵并未减少。

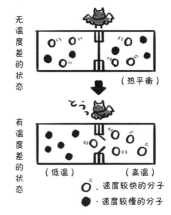

无温度差的状态

（热平衡）

有温度差的状态

（低温）　　　（高温）

○ ·速度较快的分子
● ·速度较慢的分子

麦克斯韦的恶魔

数学

无限猴子定理

无限趋近于零

【1】1564—1616年。英国剧作家、诗人。是伊丽莎白王朝戏剧的代表性作家，留下《奥赛罗》《李尔王》《哈姆雷特》等作品。

【2】对不确定的，仅能做出概率性预言的偶发事件进行分析，属于数学领域，必须兼具集合论、测度论、微积分等知识。

【3】1899—1986年。阿根廷作家、诗人。代表作有《恶棍列传》《沙之书》等，以魔幻短篇小说著名。无限猴子定理，并不是他提出的。

【4】是以概率统计的办法，对由大量粒子组成的宏观物体的物理性质及客观规律进行微观解释的学问。

无限猴子定理，以"纵使是猴子敲打键盘，只要耗费无限的时间持续敲打，总有一天会打出莎士比亚[1]的作品"为比喻，是概率论[2]等经常提到的理论实验。以概率来说，30个按键的键盘，要打出"*King Lear*"（《李尔王》）这样具意义的词（共8字），达成目标的概率是$1/30 \times 1/30 \times 1/30 \times 1/30 \times 1/30 \times 1/30 \times 1/30 \times 1/30 = 1/6561$亿。当然，越长的文章，概率也就越小，但绝不会归零。

这种诸如猴子也能在偶然之下打出可被称为作品的文章的概念，其实古已有之。阿根廷作家豪尔赫·路易斯·博尔赫斯[3]在随笔《巴别图书馆》中，论及这个概念的历史，并从教育领域解说概率。从此，该理论变得常见，也常被运用在其他的领域中。举例来说，统计物理学[4]认为，"既然是实际不可能发生的事，因此打出莎士比亚作品的概率是0"。换言之，即使以无限猴子定理，也仍导向错误结论。顺带一提，由于这个例子实在太有名了，过去的确以猴子进行过无数次的实验。

化学、物理

电磁炮

借电磁力发射的电磁炮原理

【1】指的是带有电的粒子，分为正电荷与负电荷，物质皆是由电荷粒子所组成，即使看似与电无关，也无一例外。

【2】用两片金属板夹住绝缘体，当电流通过时，可以储蓄电力。

【3】发电机随着磁力旋转的中心部分，一般是用铁芯缠绕电线。当电流流经电线时，为对应磁场而产生回转运动。

电磁炮是利用电磁场的炮。现代的武器，从手枪到大炮皆使用火药，借火药燃烧产生气体的压力，喷射出炮弹。但是，电磁炮是利用电荷粒子【1】所形成的电磁场，加速并发射炮弹。

若要说明其基本原理，首先得让电流流过电容器【2】，让原本正负均等的电子产生失衡。接着，中止通往电容器的电流，电容器的两端连接绕组。之后，集中于电容器某侧的电子经过绕组，企图修正失衡的正负。此时，衍生的磁场在绕组外侧形成压力，若绕组部分是可动的状态，该部分则会弹飞出去。而电磁炮就是利用那股压力。

具体来说，电磁炮的结构是电容器连接上两条导轨，导轨间装设附着电枢【3】的炮弹。如前述的绕组流程，来自电容器的电流经过单侧的导轨，流经电枢，再去到另一侧的导轨。

发射

行啊

结果，两条导轨间产生磁场，衍生压力，绕组可动的部分即等于是弹飞出附着电枢的炮弹。

电磁炮

电磁炮的课题，以及其技术的运用

【4】是指此际留滞电枢的电流，集中在导轨表层的现象。借由电枢，电力流向两条导轨，也因此导致导轨的前方与后方出现了未通电的部分。电枢往前行，电流终于流经导轨未通电的部分，不过周围具导电性，衍生与其对抗的电流。结果，电力渐渐往电枢的表层靠拢，造成电流密度升高。

电磁炮的原理并不难，不过所涉均是必须解决的课题。因为流经的电流过大，或是电枢移动产生的速度集肤效应【4】，所以电流密度过高时，构成电磁炮的材质会被烧熔。被烧熔的金属会造成电流导向正电荷，电力的通道变多，结果电磁力无法传达到电枢，超过固定的速度，无法加速炮弹。电磁炮的作用在于，可利用短暂释放电力所获得的超速输出力。因此，必须具备可以积蓄更多电力的电容器与适应高电流密度的构造。过去以来美国海军进行电磁炮实验，并于2016年展开模型测试，结果却不得而知。

另外，电磁炮也被试图运用在武器以外的范畴，像是把货物发射至宇宙的质量投射器，不过，显然并不具有实用性。

美国的研究

在美国，电磁炮朝向实用化的研究方向发展。2008年，在位于弗吉尼亚州达尔格伦的对地作战中心公开举行试射，创下动能达10.64兆焦的纪录。2010年的试射，又创下33兆焦的新纪录，军方的最终目标是64兆焦。研究逐渐进展，但材质的耐热管理仍是需克服的难题。

电磁炮

宇宙

洛希极限

过度靠近、过度相互牵引，导致星球崩坏

【1】1820—1883年。法国天体力学家发表过关于彗星和星云假说的论文。他提出的理论认为，土星的卫星是因超越洛希极限而崩坏，最后形成土星环。同时也提出与重力相关的术语，例如洛希极限、洛西瓣、希尔球。

所谓洛希极限，指的是星球和星球受重力影响而破坏的极限距离。由法国天体力学者爱德华·洛希【1】由理论计算得出。

首先，有重力的星球与星球靠近时会发生什么事？不妨试着想象成地球与月球吧，地球与月球彼此在重力的相互牵引下，于是有了潮汐力作用。所谓潮汐力，使加诸在星球上的重力不均，于是造成被拉长般的力量。以地球为例，接近月球侧的地表、地球的中心、远离月球侧的地表，来自月球的重力不同，距离越远重力越小，以此减去地球本身的重力，即潮汐力。然而，较小的星球受到轨道运行等的影响，当靠近其他星球时，越是接近洛希极限，在潮汐力的影响下，星球就越容易被拉扯成为椭圆形，一旦超越洛希极限则再也耐不住潮汐力即崩解毁灭。此现象称潮汐分裂，无法靠单纯的计算得出，而必须实际观测。1994年撞击木星的舒梅克－李维第9号彗星，就是在接近木星时突破洛希极限，进而崩坏，至少崩解成21个碎片，相继撞击木星的大气上层。不过，当星球本身过小时，即使突破洛希极限，也不会引发崩坏。

洛希极限

■ 洛希极限与潮汐力

不仅限于彗星，在各种轨道运行的星球，皆可能突破洛希极限。如果公转比自转快，就会走向同样的命运，例如火星的卫星福波斯（3000万年后—5000万年后崩坏）、海王星的卫星崔顿（1亿6000万年后—3亿6000万年后崩坏）。

洛希极限　　　潮汐力

③突破洛希极限后，随着潮汐力而裂开，星球随之崩坏。

②越接近洛希极限，星球越容易随着潮汐力被拉扯为椭圆形。

①离洛希极限越遥远，星球越维持球状。

■ 著名的彗星

彗星的名称	解说
1744 年大彗星	出现于 1743—1744 年，抵达近日点（最靠近太阳的位置）时，白天也能目视观察，此外会在地平线上绽放扇状的 6 条尾巴。
莱克塞尔彗星	1770 年发现的彗星，是历史上最接近地球的彗星。
1861 年大彗星	1861 年，在约 3 个月的时间内皆能观察到的长周期彗星。最接近地球时，夜里明亮到甚至可以映出影子。此外，有近 2 天地球被笼罩在该彗星的尾巴中，人们可以观察到气体或微粒朝向彗星核的模样。
霍尔姆斯彗星	1892 年发现的短周期彗星。2007 年该彗星在英仙座附近时，在约不到 2 天的时间突然明亮度暴增。光亮释放出的微粒扩散为球状，一时之间直径甚至超过了太阳。
哈雷彗星	以约 76 年为周期接近地球的周期彗星。最接近地球是在 1910 年，也是初次被人们用相机拍下照片的彗星。另外，由于彗星的尾巴含有氰化物，故传言哈雷彗星的尾巴通过地球时，地球上的空气将消失 5 分钟，生物会因而窒息死亡。但是事实上，彗星的气体非常稀薄，与地球的大气接触时不会产生任何影响。
池谷·关彗星	1965 年观测到的彗星，据推测其视星等达 −17 等级，堪称过去数千年来最明亮的。由日本的业余天文专家发现，因而引发话题。也由于这颗彗星，越来越多日本人投入观测天文的行列。
威斯特彗星	1976 年发现的彗星，是 20 世纪最具代表性的美丽彗星。在通过近日点前，彗星核分裂，急速发亮，形成有扇形尾巴的大彗星。
百武彗星	1996 年发现的彗星，是过去 200 年来最接近地球的彗星。借由科学仪器观测，人们发现该彗星会释放出 X 射线等。此外，太阳探测器奥德修斯偶然经过百武彗星的尾巴，确认百武彗星是目前观测到的拥有最长尾巴的彗星。
海尔波普彗星	1995 年在距离太阳最远的位置时发现，1997 年最接近地球时属于 −1 等级非常明亮的彗星。自此约 18 个月期间皆可目视观测。堪称过去以来历时最久也最多人看见的彗星。也由于这样，当时的人们开始绘声绘色地描述这是外星人将要来到地球的先兆。
麦克诺特彗星	2007 年经过近日点的非周期彗星。在到达近日点附近时，亮度达到最大的 −6 等级，是继池谷·关彗星以来，白昼时可以目视观测得到的明亮彗星。此外，南半球的黄昏也能目视观测，且能看见弯曲达数十度的大尾巴。
洛弗乔伊彗星	2011 年发现的彗星，从距离太阳表面约 13 万 km 处通过，尽管相近却未被蒸发或碰撞，该彗星依旧存活了下来。圣诞时节可在南半球观测得到。

超自然现象

Mystery · Occult

超自然现象

关 联

■ 欧帕兹 ➡ P242

亚特兰蒂斯、姆大陆

~远古文明~

曾经繁华的梦幻大陆，如今沉眠于海底

【1】公元前427年—公元前347年。古希腊的哲学家，为后来的西方哲学带来莫大的影响。他认为存在着肉眼看得见的"现实世界"，以及感官之上完美且不变的"理式"，因而展开理式论。换言之，以心灵之眼才能论及事物的真理。

　　传说中常提到谜样的大陆或岛屿，而这些梦幻的故事至今仍在世界各地流传。其中最有名的就是亚特兰蒂斯、姆大陆。先说亚特兰蒂斯，其传说源起于久远的古代。在古希腊哲学家柏拉图【1】的《克里特阿篇》中首次出现这个地名，柏拉图介绍这是个繁华的梦幻岛屿。而后历经大航海时代，世界地图逐渐明朗化，人们也开始研究此地究竟位于何处。现在，最有力的一种说法是，传说中亚特兰蒂斯指的就是现地中海的圣托里尼或北大西洋的亚速尔群岛。

　　至于姆大陆，据说是横跨复活岛至马里亚纳群岛的巨大大陆。英国的探险家詹姆斯·乔治瓦特在1931年发表著作《遗失的姆大陆之谜》，他解析印度的古寺庙里的古老黏土板，而后又去往世界各地解读验证碑文或古文书，提出姆大陆的假设。不过，至今尚未有明确的证据支持他的假设。

　　传说各式各样，不过共同点都是拥有繁华进步的文明，然而一夕之间沉没，也印证了盛者必衰的道理。或许是因为对古代的无限想象，这些传说依旧深深吸引着现代的人们。

亚特兰蒂斯、姆大陆 ~远古文明~

■ 推测"失落的大陆"可能的地点

亚特兰蒂斯

以波塞冬神殿为中心的繁荣富裕的王国。随着巨大地震引起的海啸，一夕之间沉没海底。1968年发现的比米尼海中遗迹，被视为其遗迹。

大西洋

太平洋

姆大陆

传说人类历史上第一个绚烂的文明，出现在约1.2万年前的巨大大陆上。但该大陆随着海底火山爆发而沉没。有人认为复活节岛等地太平洋小岛群，即是其遗迹所在。

■ 如今依然成谜的诸多遗迹

相较于毫无根据、人们却相信其存在的梦幻大陆，其实世界上仍有真实存在却充满谜团的遗迹。以下就介绍这些充满奇幻的古代文明遗迹。

巨石人头像	墨西哥奥尔梅克文明遗迹的巨石人头像。最大的超过3m，不可思议的外貌像黑人。
复活节岛的摩艾	属于孤岛的复活节岛上的巨石像。所有的摩艾像背海而立，制作的目的至今未明。
卡帕多奇亚	建于土耳其岩原地下150m处的都市。据说当时居住着众多基督教教徒，不过并未从中发现人骨。
卡尔纳克	位于法国西北部布列塔尼的巨石遗迹，当地横列了绵延4km的巨石列，理由不明。据说与巨石阵有关。
大津巴布韦	陈列着石造遗迹，过去被错误判断与所罗门王有关，因此导致研究更加迟缓。
巨石阵	耸立于牧草地带的英国巨石遗迹。据推测是耗费数千年分为三期完成，至于目的依旧成谜。
奇琴伊察	墨西哥的玛雅遗迹，包括印刻着精确无比的玛雅历的天文台和球场等。另外还有体现活人献祭的仪式遗迹。

恰高·占比尔	位于伊朗，是古埃兰人的古代都市。位于乌尔的古亚述建筑，属大规模的遗迹，据说是巴别塔的雏形。
特奥蒂瓦坎	墨西哥的古代宗教都市遗迹。分别设置了太阳的金字塔、月亮的金字塔、死者大道等具有含义的设施。
纳斯卡线条	秘鲁的干燥高原地面上描绘的巨大图案，有动植物和几何图形等，制作的目的不明。
帕伦克遗址	墨西哥的古代都市，玛雅遗迹的典型。有被称为碑文神殿的金字塔，以及戴有翡翠面具的国王遗体。
佩特拉遗迹	隐藏于约旦溪谷，砂岩岩壁上满是雕刻的遗迹。有人认为是古纳巴特人的商队都市，不过面积实在太广阔，研究进展迟缓。
婆罗浮屠	印度尼西亚爪哇岛的佛教遗迹。属多层楼建筑物，上面罗列着诸多佛像、佛塔，堪称巨大立体的曼陀罗。
马丘比丘	位于秘鲁的峭壁之顶，是印加帝国的遗迹。神殿主要由石砖构成，但为何位于溪谷顶端，依旧未明。
摩亨佐·达罗	位于巴基斯坦，属于印度河流域文明的都市遗迹，就连地下水道设施也十分完善，不过竟未在其中发现任何生活用品。
与那国岛海底遗迹	1986年发现的海底巨石群，普遍认为是自然地形，不过仍有人认为是人造，属于遗迹。

亚特兰蒂斯、姆大陆 ～远古文明～

ESP

~超能力~

科学家们都在认真研究的超能力

【1】是研究超常现象或超能力，以证明其存在或解开其结构的学问。1927年美国的杜克大学设立了超心理学研究所，使得该学问更加专业化。尽管被视为偏门学问，不过仍有人取得了博士学位，堪称研究超常现象领域的专家。

经常听闻"人类仅开发使用了大脑的10％"这类说辞，令人以为仿佛人脑潜力彻底发挥后，就能拥有未知的力量。既然有了这样的想象，不免要提到最常被讨论的超能力。所谓超能力，即拥有超越已知常识的<u>超人的能力</u>。耳熟能详的ESP（超感观知觉）是extrasensory perception的缩写，超能力中有所谓的心电感应和透视，<u>泛指利用非寻常手段得知外界情报的能力</u>。另外，穿越和瞬间移动，则是对外界施与某种影响的超能力，也称念力。

尽管人们终究难以相信人类得以拥有那样的能力，不过关于ESP与念力的事例众多。因此，也衍生了专门从科学角度调查研究此超常现象的"**超心理学**"【1】。1927年美国的杜克大学设立了超心理学研究所，正式钻研此领域，其研究范围涉及通灵现象，不过基本上不涉及灵，不与神秘学混为一谈，把此当作严肃认真的学问来研。

借科学的手段研究超能力直至今日，人们对于超能<u>力依旧是采取否定的态度</u>，更遑论超能力开发了。

■ 主要的超能力种类

在超心理学领域，超能力又分ESP和念力，其主要能力分类如下。另，所谓"未知psi"常用于超心理学现象。

ESP

不使用常规手段即能获得外界相关的信息。具体来说包括心电感应、千里眼和预知等，泛指超感的能力。

心电感应	理解其他个体的思想、情绪或状态，并受其影响的现象或能力，也称心灵感应或意念传达。不仅限于活着的人，能感知到死者也是一种心电感应。
接触感应	触摸照片或物体，即能觉知与其相关的事件或人物等。杰拉德·克罗伊赛特等人曾协助警方办案，是得到肯定的超能力者。与心灵感应或千里眼，其实易区分。
透视	一般来说，可以看见遮蔽物后的物体或被遮住的卡牌。有时也指预知特定人物的过去或特别事物的能力。
千里眼、远距离透视	不依赖寻常的手段，即使相隔遥远也能觉知。在日本，御船千鹤子或长尾郁子等，是明治时期知名的千里眼。英语中"透视"或"千里眼"皆是"clairvoyance"。

念力

不依赖既有的物理性能量或媒介，即能影响物质的能力。例如通过精神层面影响物质等，皆属于此范畴。

穿越	可将物体移至其他场所或使物体出现的现象、能力。对象不限于无生命物体，也可以是动物和人。相反，使物体消失的称"asport"。
瞬间移动	广义来说，穿越也可被纳入其中，主要是指本人不需要经过时间即能移动到另一空间的现象、能力。不过并未有研究事例显示其实际存在。
空中飘浮	人体或物体不需要任何支撑即能飘浮空中的现象。根据事例或传说，此现象世界各地皆有发生，尤其是宗教中的圣人或修行僧，与其说是超能力，更像是奇迹。
治疗	不使用寻常手段，即能治疗疾病或受伤的能力或现象。也有远距离治疗的案例，不过是借用灵之力，因而也称为"心灵治疗"。近似气功治疗，不过是否列入超能力仍有待商榷。
念写	以念力或透视看见对方脑中浮现的事物，并能将所见映照在相片上的能力或现象。长尾郁子在千里眼事件中即发挥此专长，不过最后被当作欺诈。

COLUMN

超能力与通灵的不同

简单来说，可以发挥心灵的力量的能力被称为超能力。因此，看得见灵体、与灵魂沟通、回溯前世记忆等，都属于这类灵性能力。

超心理学的研究对象，也包含了这类灵性能力或通灵现象，不过如前所述，前提是不承认灵魂的存在。尽管存在着"超ESP假设论"，认为通灵现象也可以通过超能力说明解释，但只要涉入神秘学领域，就不得称超心理学了。

在一般人看来，无论是超能力还是通灵，其实皆大同小异。以隔空移动来说，其实现究竟是通过超能力还是借由灵魂的力量，仅有施术者自己清楚明白。

另外，近来吹起灵性风潮，比起充满科幻的超能力，人们更偏好充满神秘色彩的通灵。过去媒体报道中引人好奇的超能力，如今已敌不过通灵了。

ESP ~ 超能力 ~

超自然现象

外星人

关联

■ 51 区 ➡ P240

■ 主宰 ➡ P246

■ UFO ➡ P260

存在于地球以外的智慧生命体

【1】1979年上映的科幻电影。描写太空船里遭遇异形袭击的航天员的恐惧与搏斗。电影里的外星人有着怪物般的样貌，并凶残地杀害航天员们。可以说是科幻恐怖电影的先驱，给后来的科幻电影带来莫大影响，堪称经典之作。

"alien"，原本是"外国人"之意，但是自从受到科幻电影《异形》（*Alien*）【1】及各种影视文学作品的影响，其含义范围已扩大，可以被用来称呼"外星人"或"地球以外的生命体"。

现代科学的世界，官方层面尚无人类与地球以外具有智慧的生命体接触的实例报告。不过，在超常现象或神秘学的领域，每年都有多起人类目击异种族，或遭遇后被挟持等事件的报告，因而有些人认为的确存在着外星人。这些被目击的外星人，大多外观与人类相异，并且可区分出几种类型。他们造访地球的目的不明，不过根据与外星人相关的报告，他们并不必然是友好的。

在地球以外的行星，居住着拥有高科学技术的智能型生命体，他们经常造访地球，此说法的确引来人们的好奇。世界各地的神话或传说，也留下诸多人类受到人类以外的智者的帮助或被传授文明等传说。至于科学领域，科学家也努力探索地球之外有无生命体。看来无论古今，人们仰望星空时的想象都是相同的。

■ 各种样貌的外星人们

截至目前，人们目击的外星人，多半有着与地球人截然不同的样貌。有人认为那是他们必须适应重力或气温等与地球迥异的环境而进化的结果。以下就根据目击案例，归类出最主要的类型。

小灰人	有着庞大的不平衡的头部的人形外星人。肌肤呈灰色，因而得名。近年来目击案例中以具备小灰人特征者居多，被认为是最典型的外星人。
火星人	19世纪末天文学家推测，火星表面的线状物应该是运河，从此人们即认定火星上居住着具有智慧的生命体。20世纪六七十年代，根据探测器的调查，人们发现火星表面几乎无水，因而断绝了火星人存在的可能性。
蜥蜴人	具有尾巴、皮肤覆盖着鳞片，爪子尖锐等爬虫类特征。有人认为他们是由太古时代的爬虫类进化而来，与人类一样拥有智慧，曾是地球生物。擅长变身，许多政府首长或社会地位高者，其实是他们的化身，他们以此方法隐身在这个世界。
金星人	1952年美国人乔治·亚当斯基目击的外星人。外观与人类无异，可借由心电感应感知对方的心意，与对方沟通。另外，也有人说他们曾见过火星人或土星人，不过真相难辨。

■ 与外星人相关的事件

20世纪中期开始，造访地球的外星人引发的事件急速增加。这些案例报告缺乏可信度，不过仍然有几起，经过了专业的机构详细调查，并引发了话题。下面就列举出三件与外星人相关的著名事件。

罗斯威尔事件	1947年7月8日，在美国新墨西哥州的罗斯威尔，美国陆军宣布寻获坠落的圆盘状飞行物体。但几个小时后又更正，说寻获的物体仅是气象观测用的气球。20世纪70年代后期的UFO研究专家锁定此事件，彻底调查事件的经纬。结果得到目击圆盘飞行物体的碎片或外星人尸体等证词，甚至发现了解剖外星人的影片。不过之后经过再调查，发现许多证词可疑，而且已确定影片是伪造。
希尔夫妇绑架事件	1961年9月19日，发生于美国新罕布什尔州的事件。当夜驾车行驶在路上的希尔夫妻，仅记得被谜样的发光物体追逐，之后的两个半小时完全失去了记忆。两年后希尔夫妇试图通过催眠恢复记忆，发现两人遭到来自遥远星系的外星人绑架，被带到UFO内进行身体检查。该事件后，遭外星人绑架的事件都被称为"abduction"，之后同样的事件又发生了多起。
牲畜被割杀事件	20世纪70年代起，频频发生于美国各地的事件。这些牲畜皆遭吸干血液，夺走眼睛或脏器等。由于尸体状态诡异，附近又有人目击不明飞行物体，因而人们猜测这些事件是外星人所为。不过经调查，牲畜的尸体曝晒在户外，地面会吸收其血液，至于眼睛或脏器等可能是遭其他动物或虫等吃掉，因而才会出现近似被割杀的状态。

外星人

超自然现象

| 关联 |

■外星人
➡ P238

■UFO
➡ P260

51区

51区里有美国的秘密基地

【1】指的是不明飞行物体。由于泛指所有不明飞行物体，因此气象观测用的卫星或云层的反射光等，在未经确认时亦都被视为UFO。在此也指那些由智慧生物体所驾驶的太空船。

【2】来自地球以外的智慧的生物体，也就是外星人。有人认为他们来自其他行星，也有人认为来自异次元。

51区，是位于美国内华达州南部的美国空军管理区域。尽管是空军的基地，却未见任何部队配置，仅用于新型机的测试和飞行训练等。由于该地区不断出现目击UFO【1】的案例，遂成为当地知名的UFO现形景点。相信UFO存在的人们，认为此区的地下有秘密基地，专门保存坠落的UFO或外星人的遗体【2】，政府的某些特殊机构也在此进行地球版UFO的制造。1988年，曾在基地公开举行了战斗机F-117的试飞。F-117不同于过去的战斗机，有人认为其特异的造型犹如UFO。

51区的各种传闻，真相难辨。不过，根据美国研究UFO的先驱伦纳德·斯特林菲尔德的研究，美国自从1947年的罗斯威尔事件之后，就频频发生UFO坠落事件，部分空军基地的确藏有外星人的遗体。

今天还是没有出现

oh...

51 区真的是重要特殊的地区吗

【4】第二次世界大战后，美国与苏联获得了战败国德国的众多军事资料，以作为研发新武器的参考。举例来说，搭载核武器的导弹，就是取自德国的武器的构想。冷战期间，两国展开激烈的军备竞赛，考虑到当时的时代背景，的确不免令人怀疑UFO是苏联的新武器。

1952年7月26日夜晚，美国首都华盛顿上空，出现了一批发光的不明飞行物体，飞行盘旋数小时。当时的总统哈里·杜鲁门征询爱因斯坦的意见，爱因斯坦说："若是地球以外的智慧生物体，我们绝无胜算。攻击会招致地球灾难，千万不可发动攻击。"若此事属实，那么身为科学家的爱因斯坦并不否定具有高智慧的生物体造访地球的可能性。不过，当时正值美国与苏联的冷战期，也有人认为该飞行物是苏联的新武器【4】。

基于这些事件，51区屡屡出现于好莱坞电影中，被影射为与外星人或超自然现象有关。现在，几乎无人不知该地区的存在，美国政府或军方采取的态度是既不承认也不否认，不过谢绝所有采访，也严禁摄影。现场张贴着"非法入侵将遭射击"的警告告示，处于戒备森严的状态。

UFO 是虚张声势的假象吗

51区藏着重要机密，是毋庸置疑的。不过有人认为高层放任UFO的流言，其实是为掩饰真正的机密实验。既然51区是新型战斗机的实验场地，此说法也的确具有相当大的说服力。但也有人提出反论：既是机密实验，其实也可以暗自在其他基地进行啊！

超自然现象

关 联

■ 亚特兰蒂斯、姆大陆
~远古文明~
➡ P234

欧帕兹

打破考古学常识的奇异古物

【1】过去的确存在，但随着文明灭亡或后继无人等理由，终究无法将技术流传后世。例如东罗马帝国的希腊火药、叙利亚的大马士革钢、北宋的青瓷等。

【2】四大文明出现以前即存在的奇幻文明。据说拥有超越现代的高度文明。

考古学世界不时会发现不该属于某个时代，采用了高度创意或技术制成的物品或遗迹。英语称之为"out of place artifacts"，简称欧帕兹（OOPArt），不过这并非正式的考古学用语。

被视为欧帕兹的物体，截至目前超过100件，都是根据发现当时的考古学知识调查发现制造方式不明的东西。依现代考古学判断，古代的人们也许拥有远比我们想象中的更高度的技术或创新发想。这些遗物中当然不乏为了引来话题或人们的好奇心而故意伪造的，或是以欺诈为目的而捏造的物品。

但是，由历史上真实存在过，后来又被埋没的所谓"失落的技术"【1】所制造的欧帕兹也是确实存在的，通过现在的考古学知识也无法辨明其制造方法的物品也确实是存在的。虽不是考古学上的主流想法，但这些物品是否有可能就是亚特兰蒂斯等远古文明【2】的遗产呢？

欧帕兹

■ 全球的欧帕兹

以下表格列举了过去世界各地发现的知名欧帕兹。其中，有些研判以现在的科技可以重现当时的技术，当然也包含极可能是伪造品者。不过在此先不论真假，仅单纯介绍这些欧帕兹。

名称	说明
不生锈的铁柱	位于印度德里的铁柱。据推测建于公元 415 年，即使历经 1500 年以上，竟未生锈。有人认为是铁柱表面覆盖了某化合物，以防止生锈。
亚述的水晶镜片	从公元前 7 世纪的古亚述遗迹发现的水晶片。长 4.2cm，具有凸镜片的功能。有人认为或许仅是一种装饰，碰巧形状像镜片。
阿比多斯神庙的壁画	从埃及的古代都市阿比多斯的遗迹发现的壁画。画中描绘着类似飞机或直升机等的物体。有人认为是刻凿壁画文字时，偶然出现的形状。
带铝金属的腰带环	从 4 世纪的中国武将周处之墓穴发现的腰带环。经鉴定也许是近代的盗墓者在盗窃时不小心掉入了铝制的碎片，其实腰带环是银制的。
安提基特拉机械	在希腊的安提基特拉岛附近发现了公元前 100 年左右的机械。它有着大小齿轮组合的复杂构造，有人认为它是为了计算天体的运行而制作的。
维摩那	出现于印度《吠陀经》《罗摩衍那》中的飞行交通工具。也发现了记述机体信息或操控方法的书籍，不过真伪难辨。
伏尼契手稿	14 至 16 世纪制成，以未知文字书写的古书。多植物的插画，不过尽是不存在的种类，意图至今未明。
鲍尔纪念碑 27 号	于危地马拉的鲍尔遗迹发现的石碑。上面雕刻着头戴类似头盔的人物。有人认为是玛雅人打猎的样貌，也有人认为该人物穿着太空衣。
黄金太空船	从哥伦比亚的遗迹发掘的 5cm 大小的黄金雕刻，因外形宛如飞机或太空船而引爆话题，不过根据现今考古学推测，可能是模拟鸟类或鱼类的雕刻品。
黄金推土机	巴拿马出土的黄金雕刻品，美国动物学家伊万·山德森认为是古代的推土机，但有人认为不过是豹的雕刻品。
褐炭的头盖骨	从 1500 万年前地层出土的头盖骨的工艺品。根据计算机断层扫描结果，其内部带有树木的年轮的纹路，研究认为制作需要高度的加工技术。
卡帕多奇亚	位于土耳其的安纳托利亚高原的岩石遗迹群。罗马帝国时最初遭迫害的基督教教徒们就隐身于此，他们挖掘岩山打造出巨大的地下都市。
伊卡黑石	于秘鲁发现的石头，上面刻画着恐龙与人类的图腾。名称是依拥有者之名命名的，由于有人自称制作了该石头，故伪造品的可能性极高。
寒武纪的金属罐	于俄罗斯的布良斯克州发现的金属罐。由于埋在 15 亿年以上的石层里，有人认为是飞碟在远古时代造访地球时的部分机骸。
恐龙土偶	在墨西哥阿坎巴罗发现的恐龙造型土偶。就考古学来说，并无人类与恐龙共存的时代，因此该土偶究竟基于什么理由制作，引发了热烈讨论。
更新式的弹簧	于俄罗斯的乌拉尔山脉发现的弹簧状物体，尺寸为 0.1～30cm，推测制作时间 2 万～30 万年前。而后研判是该地过去的工厂废弃物。
哥斯达黎加的石球	于哥斯达黎加森林发现的数百颗玉石，最大直径在 2cm 左右。发现时不清楚制造方法，如今研判是以原始器具制作。
科索的老式火花塞	加州的科索山脉发现的老式火花塞，埋藏在 50 万年前的地层，鉴定发现是 20 世纪 20 年代美国公司制造的商品。
古代安第斯的头盖骨手术	于秘鲁发现的公元前 3 世纪的人类头盖骨，上面留有疑似手术的痕迹，据推测应该是埋葬时防腐处理的痕迹。

名称	说明
古埃及的滑翔机	从古埃及坟墓发现的木制陪葬品，由于出现仿似飞机的物品，因而引发话题，但有人认为只是有眼睛与喙的鸟。
圣德太子的地球仪	兵库县斑鸠寺的地球仪，上面绘着欧亚大陆、南北美大陆、南极大陆及貌似南半球的梦幻大陆姆大陆的陆地。
水晶头骨	水晶制成的人类头盖骨的模型。于印加、玛雅、阿兹特克等中南美古代文明遗迹中发现数十个。随着光线会产生颜色变化等，具有特殊镜片效果。
苏格兰的铁钉	苏格兰的采石场在距今3亿6000万年前—4亿年前的地层中发现有铁制的钉子，长约4cm，被岩石掩埋的部分并没有生锈。
巨石阵[*]	英国的索尔兹伯里郊外的巨大石阵，据推测是公元前2500年至公元前2000年竖立的，建设的目的众说纷纭，不过极有可能是为了星体观测。
塔布隆寺的恐龙雕刻	于柬埔寨吴哥窟发现的寺院墙壁上的雕刻。动物背上列着数个骨板状物，貌似剑龙。
中国的卫星摄影地图	于公元前2100年发现的长沙南部的地图，异常精密，制作方法成谜，目前收藏于湖南省博物馆。
图坦卡门的匕首	于图坦卡门的陵墓发现的短剑。当时埃及的加工技术并不能制造纯度高达99%以上的铁。根据最新研究，推测是取自陨石的铁。
得克萨斯州的锤子	于美国得克萨斯州发现貌似锤子的物体。经检测是1亿4000万年前或4亿年前之物，但由于仅检测了其表面的物质，精确度仍有待商榷。
多贡族的天文知识	居住于马里共和国的多贡族，在尚未被外界认知前，曾有学者误判说，其神话中存在肉眼不可确认的天狼伴星（20世纪50年代左右）。
特林吉特族的摇铃	美国原住民的特林吉特人制作的摇铃（一种打击乐器）。据说是仿效鸟——有人说是传说中的巨鸟雷鸟——的形体制作的。
土耳其的古代火箭	土耳其的遗迹发现的雕像，是长22cm、宽7.5cm的圆锥体，有着类似火箭前端的形状，中央还坐着貌似舰长的人物。
纳斯卡线条	秘鲁的纳斯卡河流域的高原上描绘的图腾。绘着鸟、动物、植物等，若非搭乘飞机由上空俯视，无法看到全貌。
遭某物贯穿的头盖骨	于赞比亚发现的古人头盖骨。经调查，左侧遭到某高速发射的物体贯穿，有人认为是枪弹。
南马都尔的遗迹	于密克罗尼西亚联邦的波纳贝岛发现的巨石建筑物。采用五角形或六角形的玄武岩柱，制作出许多海上的人工岛。
人类与恐龙的足迹	于美国得克萨斯州发现的足迹化石，上面似乎并列着人与恐龙的足迹，不过有人认为那个人类的足迹其实是加工自小型恐龙的足迹。
内布拉星象盘	于德国发现的青铜制圆盘，调查结果发现是3600年前制作的星象盘，直至目前，类似的物品又以这个最为古老。
白垩纪的人类手指化石	于美国得克萨斯州发现的化石。长约5cm，已确认是人类指甲的部分，但并无第一关节的部分。
巴格达电池	于伊拉克的巴格达近郊发现的土器。里面以沥青固定铜的筒与插入的铁棒，由于里面似乎残留某液体的痕迹，故有人推测是电池。
哈索尔神庙的壁画	于位于埃及丹达腊的哈索尔神庙发现的壁画，描绘着类似灯泡的物体，不过之后推测是壶与蛇，灯丝的部分其实是蛇脸。
尼罗河马赛克	于意大利的帕莱斯特里纳发现的马赛克画。是公元前1世纪左右的作品，描绘着恐龙、剑齿虎、鳄鱼或河马等这样生物。
帕伦克的石棺	墨西哥帕伦克的玛雅文明遗迹发现的国王棺材。雕刻着类似火箭的交通工具，还有驾驶员，国王则睡在生命树下。

续表

名称	说明
雷斯地图	奥斯曼帝国的军人皮里·雷斯记录的航海地图。完成于 1531 年，描绘了当时尚未发现的南极大陆的海岸线。
兵马俑的镀铬剑	从秦始皇的陵墓发现的镀铬剑，镀铬技术是近代才开发出现的，不明白为何公元前的中国已有此制造技术。
有眼睛图腾的板子	于厄瓜多尔发现的板子，是高 27cm 的三角形，上面刻着眼睛图腾与 13 道条纹，底下还有猎户星座，用途不明。
被踩过的三叶虫化石	美国犹他州发现的三叶虫化石，有着被拖鞋踩过的痕迹。有人说是像足迹般的巨大三叶虫化石，也有人认为只是单纯的凹陷痕迹。
庞贝遗迹的马赛克画	意大利庞贝遗迹发现的马赛克画，描绘着矮人族猎杀恐龙等生物的模样，有人说那只是鳄鱼等生物。
马丘比丘	秘鲁溪谷发现的 15 世纪的印加帝国遗迹，以毫无间隙的方式堆起石墙，建成一座都市，是需要高度技术的。
米老鼠壁画	在澳大利亚某教堂发现的壁画，据推测是 700 年前所画的动物，模样是极近似米老鼠的老鼠。
南非的金属球	南非以西的矿山发现的金属球，藏在 28 亿年前形成的叶蜡石里，至于如何形成，不得而知。
摩亨·佐达罗	巴基斯坦的摩亨佐·达罗遗迹所发现的高温熔解后的玻璃材质石砖等，有人推测是火山爆发所致，也有人认为是古代核战后的遗迹。
与那国岛海底地形	与那国岛海底所发现的巨石群，有着通路般的沟渠或阶梯似的巨石等，故衍生出古代文明遗迹之说。

欧帕兹

宇宙

关联

■外星人

➡ P238

主宰

是神还是恶魔，事关人类进化的外星人

【1】1917—2008年。英国科幻作家。与罗伯特·海因莱因、艾萨克·阿西莫夫并称科幻界的三大小说家，著名的著作有《童年的终结》《2010太空漫游》《火星之沙》等。

【2】亚瑟·克拉克于1953年出版的长篇小说，堪称其代表作，其书迷也认为这是他最好的作品。

所谓的"主宰"是科幻世界中经常出现的外星人类型，原本是亚瑟·克拉克【1】的长篇小说《童年的终结》【2】中的外星人种族名。他们拥有非常先进的技术，不惜来到地球，试图正确引导地球人进化到新的阶段。

故事内容大致是这样的，20世纪末外星人主宰驾着太空船来到地球各地，他们既不会危害人类也不是为了交流，而是为了贡献出其先进的技术，帮助人类进化，使人类得以永续存在。在这期间，人类的生活水平不断提升，地球来到世界和平的状态。然而50年后他们又再度造访，终于露出真面目。他们有着类似皮革的强韧羽翼，并带着短短的角，以及逆刺状的尾巴，与恶魔形象无异。他们表示自己受到更高次元的意识体的指示，却因错误的选择而让自身的进化陷入僵局。

故事最后，历经和平与繁荣的时代，地球终于衍生出崭新进步的人类，旧人类消亡。确定人类走上新阶段，主宰又回到他们的星球。结局虽有些草率，不过操控人类历史的竟是外星人，对当时的读者来说的确极具震撼力，从此诸多科幻开始沿用主宰的模式。

主宰

超自然现象

末日预言

~震撼世界的预言~

自古以来不断被预言的世界末日

【1】宗教的末日思想，多半建立在神或某拥有绝对力量者可以裁判人类的罪恶上。此时，唯有信仰该宗教的信众得以豁免。

【2】1503—1566年。16世纪法国医师，著有多本诗集，这些诗集被后世认为是预言集。

　　自地球诞生以来，人类逐渐顺利地发展出自我的文明，并且累积以编织历史。不过，人们也思索着这些堆栈完成的历史终究会崩解，一切回归到无的日子终将来临。这类思想被称为"末日思想"【1】或"末日论"，而预言世界终了之日的则是"末日预言"。

　　末日思想，是自古以来宗教历史观中经常提出的思想。除了基督教、伊斯兰教、犹太教等，佛教也有类似末日思想的思考逻辑。这些宗教的末日论认为唯有信者可以在末日得救，并借以督促信众行善，使灵魂得到救赎。

　　另外，古代遗迹和文献中也有与末日预言相关的内容，或是某日突然悟道之人说起这类预言。例如从玛雅文明的历法推测"2012年人类灭亡论"，或是20世纪末期引发话题的"诺查丹玛斯【2】的预言"。不过截至目前，这些预言都证明是错误的，看来末日预言日后很难取信于大众了吧。

■ 主要的末日预言与时日

末日之日	预言者	概要
1033 年	基督教教徒	基督死后的 1000 年将面临的结果。
1186 年 9 月	圣约翰	全部的行星集中在天秤宫，将引来大灾难。
1524 年 2 月 1 日	伦敦的占星术师	大洪水的预言，不准后又修正为 1624 年。
1524 年 2 月 20 日	约翰内斯·施特夫勒	大洪水的预言，1528 年的大洪水预言也失效了。
1532 年	弗德烈克·诺兹亚	持续的天气异常将是世界末日。
1533 年 10 月 3 日	米夏埃尔·施蒂费尔	预言世界末日，但因预言不准而遭到革职。
1583 年 4 月 28 日	里查特·赫堡	木星与土星呈直线排列，因而引发大洪水。
1658 年	克里斯托弗·哥伦布	著名的探险家，根据《圣经》算出末日之年。
1665 年	索罗蒙·艾克鲁斯	同年流行鼠疫病情，因而预言世界灭亡。
1700 年	约翰·奈比亚	根据《启示录》，预测最后审判的年代。
1719 年 5 月 19 日	雅各布·伯努利	彗星接近地球时，地球将遭毁灭。
1761 年 4 月 5 日	威廉·贝尔	同年发生两次大地震，因而预言世界末日。
1843 年 1 月 3 日	威廉·米拉	根据《圣经》预言末日，接连三次失效，又再度修正时日。
1881 年	查尔斯·皮尔兹·史密斯	根据埃及法老的金字塔通路的长度，换算世界末日的日期。
1899 年	艾萨克·牛顿	万有引力的发现者，根据《圣经》计算出末日的年代。
1910 年 5 月 19 日	米伊·弗拉马利翁	提及科幻小说的内容，却被民众误解为末日预言。
1919 年 12 月 17 日	阿鲁帕多·波塔	因太阳系的行星并列的天文现象，预言世界末日。
1925 年 2 月 13 日	玛格丽特·劳文	天使加百列现身向她宣告世界末日。
1944 年 8 月	穆纽斯·费拉达斯	预言彗星袭击地球，人类灭亡。
1954 年 6 月 28 日	海格达·冠库斯	剖析古埃及的《死者之书》，预言末日。
1962 年 2 月 2 日	印度的占星术师们	因行星并列，预言末日。
1973 年	斯契多·马罗洛普	根据金字塔通路的长度，计算末日的年代。
1980 年 4 月 29 日	利兰·延森	依据《启示录》与金字塔通路的长度，预言世界大战爆发。
1982 年	史蒂芬·普拉格曼	同年行星并列，预言发生天变地变。
1988 年	肯纳斯·林格	根据预言者研究的结果，预言同年地球将起大变动。
1997 年 1 月 10 日	莫里斯·云特兰	预言行星并列，地球异变。
1999 年	金·狄克森	预言巨大彗星接近地球，引发地轴不稳定，引发大灾难。
1999 年 7 月	诺查丹玛斯	最有名的末日预言，会从天而降恐怖大王。
2000 年	埃德加·凯西	根据《阿克夏记录》，预言世界灭亡，或是 2001 年时。
2012 年 12 月 21 日	玛雅的预言	依据玛雅历法预言末日，另有一说是同月的 23 日。

末日预言～震撼世界的预言～

248

历史、神秘

关联

■ 跨越时间
➡ P252

约翰·提托

在美国引发话题的"未来人"

【1】成立于1878年，世界最大规模的复合型企业（简称GE）。经营涉及电器用品、公共基础设施、军事产业、金融产业等领域。

　　2000年11月2日，美国的知名国际网络讨论区，出现了一名自称来自公元2036年的时间旅人的留言。他在多个讨论区或聊天室不断发文证明时间旅行的理论和他所存在的未来等。这个谜样的男子名为约翰·提托。

　　虽然仿似匿名恶作剧者，不过他的说辞充满神秘，某些还颇合情合理，因而引起人们的关注。他说他是搭乘通用电气公司【1】制造的"C204时间移动"时光机器回到过去。他证明了艾弗莱特的多世界诠释，移动这些世界线完成了时间旅行。他还说自己即使回到未来，也不过是回到颇相似的另一个世界。

　　至于人们最在意的未来，约翰·提托说，2015年会爆发核战争，2017年有30亿人死亡，最后俄罗斯胜利，2036年地球因核战争受到严重核污染。由于疲于战争，各国处于孤立状态，并无热络的外交关系。他的发言虽看似无稽荒唐，不过他既能清楚说明多世界诠释，就算某些未来预言并不准确，却也无矛盾之处。结果，他惹得人们陷入重重疑云，在所谓任务完成的2001年3月以后，就没有任何留言了。

约翰·提托

历史

■欧帕兹
➡ P242

关联

世界七大不可思议

随时代变迁而更改的七大不可思议

【1】古希腊作家菲隆的著作。菲隆也是旅行家，在书中归纳了他认为地中海周边值得一看的建筑物。一般来说，提到古代的七大不可思议时，亚历山大港的灯塔多半会被列入其中，不过该书出版的时代尚无灯塔这样的建筑物。

　　这个世界存在多个充满魅力的建筑物，深深吸引着各地的旅人。人们从中选出著名的七大建筑物，并称"世界七大不可思议"。公元前2世纪的古希腊时代，希腊数学家菲隆所著的《世界七大景观》【1】，就提出了七大建筑物。当时介绍的是胡夫金字塔、巴比伦空中花园、以费索的阿耳忒弥斯神庙、奥林匹斯的宙斯神像、哈利卡纳素斯的摩索拉斯陵墓、罗德斯岛的巨人像、巴比伦的城墙。而后随着时代变迁，巴比伦的城墙被排除在外，取而代之的是亚历山大港的灯塔。至于为何有这样的改变，已不得而知。

　　古希腊时代的七大不可思议，皆是地中海周边的建筑物，不过来到中世纪，欧洲人的行动范围得到拓展，人们开始主张因寻找适应新时代的新七大不可思议。来到现代，则由全世界投票选出了现代版的世界七大不可思议。当然各国观光团体也出现各国版的七大不可思议或自然界的七大不可思议等主题，可以说是来到了凡事都可列出七大不可思议的时代。

■ 依随时代变迁更新的世界七大不可思议

时代	名称	概要
古代	以弗索的阿耳忒弥斯神庙	位于土耳其古代都市以弗索的神庙,现在仅存几根修复后的柱子。
	奥林匹斯的宙斯神像	建造于公元前 435 年的宙斯像,推测已遭烧毁。
	胡夫金字塔	建于公元前 2500 年左右的金字塔,是古代七大不可思议中唯一保存至今者。
	巴比伦空中花园	古代巴比伦的庭园,呈现高 25m 且分 5 层的建筑物。
	巴比伦的城墙	环绕古代都市巴比伦的城墙,高 90m,厚 24m。
	哈利卡纳素斯的摩索拉斯陵墓	位于土耳其古代都市哈利卡纳素斯的陵墓,建于公元前 350 年。
	罗德斯岛的巨人像	建于爱琴海的罗德斯岛,是太阳神海利欧斯像,高 34m。
中世纪	亚历山大港的地下墓穴	位于埃及亚历山大港的地下墓穴。
	伊斯坦堡的圣索菲亚大教堂	建于公元 360 年的基督教大教堂,曾经变成清真寺,如今则是博物馆。
	巨石阵	位于英国的巨石阵列。据推测立于公元前 2500 年左右。
	南京大报恩寺	拥有建于 15 世纪、高 80m 的塔,于太平天国时遭破坏。
	万里长城	东起中国河北省西至甘肃省的城墙,是世界上最长的建筑物。
	比萨斜塔	自公元 12 世纪至 14 世纪耗时完成的意大利比萨塔。目前倾斜了 3.99 度。
	罗马竞技场	建于罗马时代的椭圆形竞技场,据说可以容纳 4.5 万名观众。
现代	印度泰姬陵	1653 年,为了莫卧儿王朝的王妃所建的陵墓。
	里约热内卢基督像	位于里约热内卢、高 39.6m 的基督像,1931 年建成。
	奇琴伊察	位于墨西哥的玛雅文明遗迹。有着称为库库尔坎的金字塔。
	万里长城	也是中世纪的七大不可思议之一。建造时间始于公元前 2 世纪的秦朝,直到 16 世纪的明朝。
	马丘比丘	位于秘鲁山岳地带的印加帝国的遗迹,于 1911 年被发现。
	佩特拉	位于约旦的遗迹,沿着佩特拉大峡谷岩壁建造而成,属于天然的要塞。
	罗马竞技场	也是中世纪的七大不可思议。原名是弗莱文圆形剧场。

世界七大不可思议

超自然现象

■ 关联

■ 约翰·提托
➡ P249

跨越时间

去到过去、未来的时间旅行

【1】是从"科学（science）"与"幻想（fiction）"合并来的词。科幻作品大抵是指基于科学性幻想的虚构故事，不过事实上，范围极广，许多类型皆适用。

【2】因随每个词都有其定义。跨越时间是"只能移动在自己存在的时间内的时间"，跳跃时间则多半设定为"因某个事件之故出现被动式的时间移动"，至于时间旅行则无这些限制，可以较自由地在各时间移动。

【3】出版于1895年，书中时光机的构想，令此作品成为跨越时间作品中的代表杰作。

科幻（SF）作品【1】中经常出现类似去到遥远未来或过去的"跨越时间"的题材。当然，以现在的科学看来，跨越时间是不可能办到的。这类跨越时间的行为多有不同名称。尽管在此以"跨越时间"命名，其他还有"时间旅行""跳跃时间""时间扭曲"等用语。这些词组都是各影视及文学作品所设定的，而且并无确定含义【2】。

至于"时间循环"则与前述的情况较不相同。前述用语的设定多是"得以移动到未来或过去"，但时间循环则如其名，是"反复经历某一特定的时间"。举例来说，从周一开始历经一周来到周日，结果无法前进到下周的周一，又回到了同一周的周一。"在某特定日期前不断重复时间"，也是一种时间循环。

既然名称尚未确定，跨越时间的方法也各自不同。赫伯特·乔治·威尔斯的科幻小说《时光机器》【3】和知名电影《回到未来》等，都出现了穿越时间的交通工具。其他还有"利用手表等道具""超能力或魔法等超自然力量"等方法。当然还有由某行动或事件引发，并不能按照自己意愿进行时间跳跃的模式，这在设定为时间穿跃或时间循环的作品中比较常见。

跨越时间

时间悖论与时间旅人

为了证明跨越时间的不可能，经常举出的根据之一就是"时间悖论"，意味着穿越时间之际，可能引发变化。

最具代表性的就是悖论——"能回过去杀掉双亲吗？"如果跨越时间是可能的，就能回到自己出生以前杀死双亲。如此一来，即出现"如果在过去双亲已死亡，自己也不可能出生；但是，自己若未出生，双亲也不必死亡"的矛盾。不过许多科幻作品也利用此悖论，或是让故事情节避开这些矛盾。

撇开跨越时间是不可能的论点，世界上许多人自称"去过未来或过去"，例如约翰·提托就号称自己是来自未来的人物。当然，倘若无十足的证据，终究无法使人确信。

跨越时间可以实现吗？

事实上，在某些限定条件下，从科学角度来看，是可能实现跨越时间的。那就是基于相对论，利用"愈是近似光速移动，时间也随之变得缓慢"的现象。举例来说，以光速行驶的航天飞机行驶于宇宙，数年后返回地球，但对地球来说已经过了数十年。此现象经常被运用在科幻作品中。

超自然现象

超常现象

关联

■ ESP ~超能力~
➡ P236
■ 费城实验
➡ P256

充满各种谜团的世界

【1】又译马尾藻海，位于北大西洋的海域。由于墨西哥暖流、北大西洋暖流、加那利寒流、大北赤道暖流的四股海流皆汇集于此，因而形成顺时针的大漩涡。此海域多浮游的马尾藻，堪称是世界难得水质清澈的海洋。自古以来传说许多船只在此沉没或行踪成谜。

　　本书介绍了UFO、超能力等各种不可思议的现象，我们将人类现阶段的科学水平无法说明的现象列入"超常现象"，例如下页所举的案例。在此就介绍其中最有名的分身事件与百慕大三角。

　　同一个人物同时出现在不同地点，称"分身事件"，其中以法国教师艾蜜莉·莎爵的事件最为知名。她在任职的学校，被发现同一时间出现在校内的不同场所。由于此现象持续超过一年以上，最后在家长的要求下她遭到解雇。另外，研究也发现许多死期将近的人会看到分身。由此，也导致"看见分身者，死期将近"的流言四起。

　　另外，百慕大三角是知名的奇异海域。属于北美洲东部的海域，由于许多船只或飞机在此失踪，因而声名大噪。包含此海域的萨尔加斯海[1]，自古以来多海难，因而被人们视为魔海，人们避而远之。来到现代，人们认为那不过是普通的海难事故，无须大惊小怪。但是，飞机来到此处竟也发生莫名消失踪迹的事件，的确令人费解。

超常现象

■ 主要的超常现象

本书已列举了诸多不可思议事件，但有些实在难以归类，在此皆列入超常现象。

神隐	人突然消失的现象。既没有预兆也没有任何原因，突然人间蒸发，在日本认为是神鬼的作弄。在国外也发生过"玛丽·赛勒斯特"号事件等诸多不可解的失踪事件。
共时性	指有意义的巧合，原本是心理学家荣格提出的概念。主要事件如23之谜等，也就是说厄运也是模仿共时性的产物。
人体自燃现象	人不明缘由起火燃烧而消失。通常周遭并无高温物体，而且多半仅有人体燃烧，周围的物体或房屋并未烧毁。其中以1951年美国的玛丽·里泽事件最为有名。
跨越时间	人类突然迷失在别的时代的现象，通常是出于非个人意愿。最有名的是，1901年凡尔赛宫的两名英国观光客，被困在玛丽·安托瓦内特王后时代。
通古斯大爆炸	1908年西伯利亚上空发生的不明原因大爆炸，约2150平方千米范围内的树木几乎全倒。被认为是陨石爆炸，不过现场未见陨石残骸，爆炸原因尚不明朗。
分身事件	同一人物同时出现在不同场所的现象，也包含自己目睹另一个自己（自我幻视）的案例。据说歌德、林肯、芥川龙之介等都曾看见自己的分身。
百慕大三角	位于北美东部，由佛罗里达半岛、百慕大岛、波多黎各岛连接形成的三角地带。许多船只或飞机在此失踪，此处因而被称为"魔海"。其中又以1945年的19号机队事件最为有名，但大多是真伪难辨的案例。
怪雨	天空除了会降下雨或雪之外，有时还会出现意想不到的物体。自古以来世界各地的记录或报告中，有降下鱼、青蛙和石头等的案例。2009年石川县从天降下许多蝌蚪。
金字塔的能量	金字塔，或与金字塔有同比例的物体具有神秘的力量，据说可促进冥想及成长。有人认为此传说是因为金字塔内可保尸体不腐坏。
希望之星	美国自然历史博物馆所藏的蓝宝石，是知名的受诅咒的宝石，自古以来，拥有它的人几乎都落得死亡的下场。法老王的诅咒，也是类似这样的死亡诅咒。

■ 通灵现象

在超常现象中，若是心灵或超自然相关者通常称为"通灵现象"，以下列举几个最具代表性的案例。

恶魔附身、狐仙附身	灵魂等依附在人体的现象，有恶魔附身也有狐仙附身。这些灵体大多基于恨意等理由，依附在当事者或其家人身上，多是为了加害。
EVP	超自然电子异象的简称，例如录音带中夹杂着死者的留言或声音。在日本的确出现偶然录下灵魂声音的案例，国外也积极尝试录下或研究EVP。
灵质、灵魂出窍	是指灵魂以物质化或视觉化的能量现象。当灵质排出体外时，会从口或鼻等冒出如烟的白色或半透明物质。不过，非通灵者看不见。
鬼压床	尽管意识清醒，躯体却无法自由活动的状态。例如鬼压床，当事者多半会看见人影等，因而被认为是鬼魂的作祟。不过，就生理学来说，则是由脑与身体出现睡眠障碍所引起的。
自动书写	在当事人毫无意识的状态下，身体自动运作的现象，手部会任意地书写下文字或绘图等。而且，多半是当事者未知的内容或语言。此外，在当事人无意识下张口说话的情况称自动言语。
灵异照片	指的是拍摄到灵魂或灵异现象的照片。通常拍摄时并无异状，有些灵异照片被视为弄错或移花接木。但是，依旧存在着许多科学无法解释的灵异照片。
桌灵转	为了召唤灵魂，一人或数人围着三脚桌而坐，灵魂会借由桌子的转动回答问题。许多降灵术或占卜，皆有这样的仪式。
骚灵	无外力，却出现食器飞舞，家具或整栋屋子摇晃的现象等。世界各地都有类似的案例发生，有时是水染上颜色或墙壁上出现文字等。
鬼声响	灵魂出现时，会发出类似敲击或木头裂开的奇怪声响。多半仅听到声响，不见形体。另外，有时通灵者也会利用敲打的声响等与灵魂交谈沟通。
濒死体验	在医学上被宣布死亡，但仅是濒死，最后又复活的经验。许多案例显示他们在他人眼里已呈现无意识状态，但他们的灵魂脱离了躯体，见到亡者或见识到超自然现象等。

历史、神秘

关联

■超常现象
　➡ P254

费城实验

美国海军进行的物质透明化实验

【1】位于美国宾夕法尼亚州东南部的工业都市。

【2】爱因斯坦于1925—1927年完成的理论。以一个科学法则导出一组方程式，以数学的方式说明"电磁波""地心引力""磁场"三个基本能量的相互关系，不过需要非常繁复的计算。

　　所谓费城实验，是流传甚广的都市传说，据说是美国海军在费城【1】的海军工厂进行的驱逐舰透明化实验。当初是基于统一场论【2】，在船舰的周围施以强力电磁波，目的在于研究如何使船舰避开敌方的鱼雷监视。而后，研究又朝向"借由在空中形成同样的能量场，以制造出光学上看不见的状态"的方向。

　　1943年10月，以护卫驱逐舰"埃尔德里奇"号及其船员为对象，展开实验。在电磁波的照射下，船体周围形成了能量场，终于产生绿色烟雾，而后船舰连同船员变得朦胧透明化。据说外人看来，海面上仅留下乘载船舰的沣。实验果然成功。不过实验时有1 ~ 2名的船员消失不见；船舰恢复后墙面还留下了另一名船员的身体，其生死不明；还有3人因人体自燃而死亡；其他存活的船员最后几乎都发疯。从此以后，即终止了实验。

啪

船舰消失

历史、神秘

《赫尔墨斯文集》

关联

■炼金术

➡ P264

谜样人物撰写的炼金术师的《圣经》

【1】记述古代神秘思想和炼金术的传说中的人物，其笔名结合了希腊神话的赫尔墨斯与埃及神话的托特，是继承他们圣光的炼金术师。被视为是《赫尔墨斯文集》与《翠玉录》的作者，也传说是唯一一握有贤者之石的人物。

【2】直到11世纪，东罗马帝国所编辑的《赫尔墨斯文集》归纳整理了最重要的部分，原本共有18册，如今少了1册。

该书据推测，由传说中的炼金术师赫尔墨斯·崔斯莫吉提斯【1】所著，是汇编古代思想的文献手稿集。赫尔墨斯·崔斯莫吉提斯，这个名字的意思是3倍伟大的赫尔墨斯，其著作约6万册，内容涵盖公元前3世纪到公元3世纪的占星术、魔术、宗教、哲学、博物学、历史、炼金术等。当然，赫尔墨斯并非一人，这些著作中的作者名也有其他人。不过后世对内容的好奇更甚于对作者的好奇，尤其是关于炼金术的记载，是所有述及炼金术基础的著作中最古老的，因而被炼金术师们视为《圣经》。

直到11世纪左右东罗马帝国编辑了17册的《赫尔墨斯选集》【2】，文艺复兴时期翻译为拉丁语，传至西欧世界，自此《赫尔墨斯文集》广为流传。也是因为此书，炼金术走向全盛期，全盛期最受瞩目的著作是《翠玉录》。它将炼金术的基本思想与奥义记载在翡翠材质的板子上，可惜实物已不存在。不过，发现了可能是其翻译文章的断篇，内容充满着引申与暗喻，非常扑朔迷离。

《赫尔墨斯文集》

超自然现象

关联

■ 希伯来文字
➡ P174

魔法阵

魔法仪式中经常使用的魔法圆

【1】19—20世纪发展的魔法。魔女术借由与灵魂沟通或供恶魔差遣等，取得魔法力量。最知名的使用者就是英国的秘密社团黄金黎明协会，他们专门研究此魔法。

【2】除了咒术和占卜外，也具备药草等各种知识，又称巫术。

在带有魔幻或超自然要素的作品中，出场人物多半会施以由文字或图案构成的图腾，借以行使各种魔法力量。在这个过程中描绘的图腾，称"魔法阵"。

自中世纪至近代的西方魔法仪式【1】或魔女术【2】，在执行时必须准备特殊的圆，称"魔法圆"。基本的魔法圆有着双重圆的基盘，搭配上四角形、十字、五芒星、六芒星等象征的组合，或是添加上希伯来文或拉丁文。初时多半会被直接描绘在执行仪式的房间地板上，之后改为铺上绘有魔法圆的布。施魔法时，施术者会站在魔法圆的中心，不过魔法仪式与魔女术的魔法圆的目的不同。魔法仪式中魔法圆的目的是，保护自己不受异界精灵或恶魔等干扰；而魔女术中魔法圆的目的是，避免仪式时产生的能量消失。

另外，容易与魔法圆混淆的是"魔方阵"，魔方阵采用正方形的方阵，配置着纵、横、斜等列的合计总数皆相等的数字，与其说是魔术，不如说更像是带有数学要素的图形。

魔法阵

■ **圆与象征物组合而成的魔法圆**

下面的图形是西方魔法仪式所使用的最基本的魔法圆。据说五芒星和六芒星拥有驱魔的力量。在实际的魔法仪式中，召唤恶魔时除了需要魔法圆，还需要幻视恶魔的魔法镜，或是召唤恶魔的勋章等。

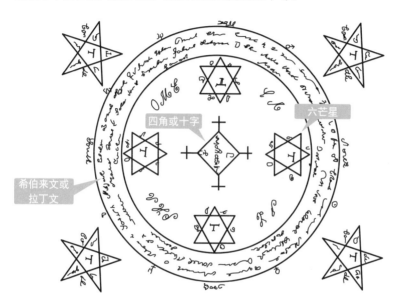

六芒星

四角或十字

希伯来文或拉丁文

■ **纵横斜的合计皆相等的数字魔法方阵**

下列三张图，是一列各为3格、4格、5格的魔方阵。制作魔方阵需要某种程度的数学知识，类似数字拼图，因此制作过程颇具挑战与趣味。魔方阵被视为有魔术的力量，有时甚至被当成拥有魔法的护身符。

3x3

4	9	2
3	5	7
8	1	6

4x4

4	14	15	1
9	7	6	12
5	11	10	8
16	2	3	13

5x5

11	24	7	20	3
4	12	25	8	16
17	5	13	21	9
10	18	1	14	22
23	6	19	2	15

魔法阵

259

超自然现象

UFO

关 联

■外星人
➡ P238
■51 区
➡ P240

各地观测到的谜样飞行物

【1】指的是未经确认的飞行物体，因肯尼士·阿诺德事件有此称呼，此名称流传开来。其实名称的由来不是"圆盘形的飞行物体"，而是"其动作犹如圆盘在水面跳跃的飞行物体"。因此，即使并非圆盘形的UFO，依旧被视为在空中飞翔的圆盘。

　　UFO 是"unidentified flying object"的简称，意指不明飞行物。不明飞行物，顾名思义，就是无法确认究竟为何物的飞行物。原本是假想他国的航空器或导弹等的军事用语，近年多半用来泛指外星人的交通工具——"在空中飞旋的圆盘"【1】。

　　自古流传的神话或传说都暗示着外星人的存在，人类自古以来始终相信，居住在地球以外的生命体会来地球。现代科学表面上是否定外星人造访地球的可能，不过就超常现象或超自然领域来说，许多人相信外星人的存在。而支持他们相信的就是关于外星人的飞行船，换言之也就是UFO的目击证词。

　　目击UFO的证词，自第二次世界大战期间开始增加，尤其在1947年肯尼士·阿诺德事件披露后更是激增，频频出现目击UFO的照片。调查的结果，确认多数是鸟、气球等飞行物体，不过其中也有专家无法辨识、确有可能为UFO者。总之，广大宇宙的某处存在着具有造访地球的科学能力的生命体，其可能性一定不会是零。

■ UFO 的各种形状

名称	特征
亚当斯基型	因乔治·亚当斯基拍摄的照片而闻名的形状,类似圆盘状。
圆盘型	犹如扁平的盘子形状,分为圆形与椭圆形,是最普遍的 UFO 形状。
球型	球形的 UFO。目击案例最多的形状,多是集团式的行动。
三角型	三角形的 UFO。目击报告指出三个顶点会放射光芒。
甜甜圈型	类似圆盘型,不过机体的中央犹如甜甜圈,是空的。
无人驾驶机型	不属于任何形状,算是独特造型的 UFO。拍摄的画面鲜明,因而捏造的可能性也较高。
雪茄型	犹如雪茄的 UFO。多属于巨大的机体,因此有人认为是母船。
菱型	类似圆盘型的扁形,不过机体有四个顶点,因而趋近菱形。
金字塔型	三角锥或四角锥形状的 UFO。是近年来目击案例中最常出现的形状。
螺旋型	绽放着犹如银河系漩涡状光芒的 UFO。

■ 主要的 UFO 目击案例

事件名	年代	详情
Foo 战斗机	1940 年	第二次世界大战期间,在激战地区发现的不明飞行物体。
肯尼士·阿诺德事件	1947 年	美国的肯尼士·阿诺德于华盛顿州驾驶私人飞机时发现九架不明飞行物体。
罗斯威尔事件	1947 年	不明飞行物体坠落在新墨西哥州罗斯威尔近郊,遭军方拾获。
曼特尔上尉事件	1948 年	曼特尔上尉在肯塔基州发现不明飞行物体,追踪后却坠机。
华盛顿事件	1952 年	华盛顿的上空突然出现 68 架不明飞行物体,许多市民都亲眼看到。
英航机遭遇 UFO 事件	1954 年	从纽约飞往伦敦的民航飞机,遭遇巨大雪茄形的不明飞行物体。
特林达迪岛事件	1958 年	在特林达迪岛的海军基地执勤的巴西海军和当地居民,皆看见了圆盘形的飞行物体。
开洋丸事件	1984、1986 年	日本的渔业调查船"开洋丸"号,于 1984 年与 1986 年,两次目击不规则飞行的光体。
日航机遭遇 UFO 事件	1986 年	日本的货物运输机在阿拉斯加上空遭遇巨大的不明飞行物体。
瓦尔任阿事件	1996 年	在巴西有三名少女看见异样生物,还有数名居民目击不明飞行物体。

UFO

261

超自然现象

UMA

不是传说！而是真实存在的 UMA

【1】仅存在于日本冲绳县西表岛森林的哺乳纲食肉目猫科动物。身长60cm，尾长25cm，体重4kg左右。是极原始的山猫，断定是上新世灭亡的化石猫——大型后猫的同类。

UMA 是 "unidentified mysterious animal" 的简称，意指不明的动物。这个用语是动物研究家兼作家的实吉达郎委托超常现象研究家南山宏，参考UFO而创造的，1976年实吉达郎的著作《UMA——谜样的不明动物》首先公开使用了该用语。

基本上，UMA指的是"根据目击或传闻等情报，无法确认实际存在与否的生物"。最具代表性的就是栖息于英国尼斯湖的水怪，出现于美国、加拿大的落基山脉一带的大脚怪，喜马拉雅的雪男，还有日本各地皆有目击案例的野槌等。

另外，提到UMA，许多人以为仅止于传说，恐怕一次都未曾被发现，但其实的确有些原是UMA，后来被证实存在的案例。其中最有名的是栖息于日本西表岛的西表山猫【1】。自古以来一直流传着西表岛有像猫的谜样生物的传说，但始终无法确认，直到1967年终于发现西表山猫的存在。

UMA

■ 世界知名的 UMA

名称	信息	描述
尼斯湖水怪	目击地：英国 体长：6～15m 推测样貌：恐龙的同类、新品种的哺乳动物等	栖息于尼斯湖的水怪。1933年被尼斯湖畔经营旅馆的夫妻发现，也是公开确认的第一起目击案例。长期以来人们展开种种搜寻，始终未得其果。
大脚怪	目击地：美国、加拿大 体长：2～3m 推测样貌：巨猿、人穿着布偶装假扮等	因1967年被拍摄到样貌而声名大噪的兽人。有人认为影片是捏造的，不过此传说在美国历久不衰，甚至出现大脚怪的专门猎人。
雪男	目击地：喜马拉雅山脉 体长：1.5～4m 推测样貌：巨猿、新品种的类人猿等	目击者主要是攀登喜马拉雅山的登山专家们。1951年知名的登山家发现了疑似雪男的足迹，拍照，公开后在欧洲掀起热门话题。
野槌	目击地：日本 体长：30～70cm 推测样貌：青舌蜥蜴、日本蝮的误认等	日本各地皆传说貌似蛇的生物。20世纪80年代不断出现目击案例，最盛期某些自治团体甚至扬言捕获者即可领2亿日元的奖金，若是尸体也有1亿日元。
卓柏卡布拉	目击地：中南美 体长：90～150cm 推测样貌：外星人、生物武器等	20世纪90年代于波多黎各的中南美各地发现的吸血怪兽。有翅膀，也许可以飞翔，以吸血为食，会袭击家畜等，2004年在智利出现两只卓柏卡布拉袭击人类的案例。
飞棍	目击地：世界各地 体长：数十cm～2m 推测样貌：电浆态的生命体、羽虫的残影等	是只能被照相机捕捉，肉眼无法清楚辨识的谜样飞行生物。在世界各地都被拍摄到踪迹，在2003年伊拉克战争期间，电视台转播巴格达当地实况时被拍摄到，因此蔚为话题。
泽西恶魔	目击地：美国 体长：1.2～1.8m 推测样貌：恶魔的化身、集团歇斯底里引发的幻觉等	美国自古流传的"恶魔化身"的魔物，有着马的模样，还有翅膀。1909年为止，计有千人以上宣称见过。这些目击案例持续至今，2006年新泽西又有人宣称见到。
天蛾人	目击地：美国 体长：2m 推测样貌：外星人、大型的鸟类被误认等	1966—1967年，西弗吉尼亚州发现外观近似蛾的人形生物。由于天蛾人与UFO经常被同时看到，因而有天蛾人是外星人的传说。
魔克拉-姆边贝	目击地：刚果 体长：8～15m 推测样貌：迷惑龙、犀牛的误认等	栖息于刚果河流域的怪物。早在18世纪即有人宣称看到，也进行过各种搜查，依旧真相不明。1988年，日本早稻田大学的探查小组也去过当地调查。
池田湖水怪	目击地：日本 体长：20～30m 推测样貌：大鳗等	据说是栖息于鹿儿岛县池田湖的水怪。1978年有近20人目击水面浮出物体，因而引起骚动，电视台也派出调查小组，在当时是非常热门的话题。

超自然现象

炼金术

关联

■《赫尔墨斯文集》
➡ P257

对科学发展也有贡献的诡异金属生成术

【1】赫尔墨斯所记述的炼金术宝典，盛行流传于文艺复兴时代的欧洲。

【2】被称为炼金术之祖的传奇性人物。耗费了3226年完成3万6525册，当然这只是多位作者的统称。

在奇幻世界中，炼金术可说与魔法并驾齐驱，同属神秘学的领域。狭义上，是一种利用化学技术制造出高价金属的技术；广义来说，不仅是金属，也包含炼就人类肉体等永恒存在。

其起源于公元前3～公元3世纪的埃及亚历山大港。当地人具备了生产银或铜的冶金技术，并深受希腊哲学思想的影响，逐渐将这些知识予以体系化。记载着炼金术基础的《赫尔墨斯文集》【1】（赫尔墨斯·崔斯莫吉提斯）【2】，也写于当时。在历经十字军东征的公元11世纪，源起于阿拉伯地区的炼金术流传到了欧洲。从此，欧洲的炼金术师们埋首锻炼贤者之石。

制造灵丹妙药、贤者之石和何蒙库鲁兹，都是炼金术师们的目标，现在看来的确荒唐无稽，也终究未能成功诞生。不过，他们依靠的绝不仅是魔法，他们通晓自然哲学四大元素理论的基础，并懂得使用自然物质。在反复实验的过程中，炼金术的确成功制造出类似硫酸或盐酸的化学物质，举凡医药品或化学实验用具也是炼金术技术下的产物。事实上，炼金术的确对现代科学的发展有所贡献。

炼金术

■ 四大元素与第五元素

炼金术纳入了物质理论，以求炼就黄金。其基础源于古希腊的四大元素理论与第五元素，彼此的关系如下。

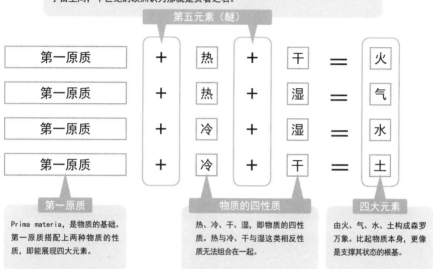

第一原质与四性质的结合。图中的"＋"，表示因第五元素的力量而相互连接，最后形成四大元素。所谓的第五元素，比起四大元素具有更尊贵的本质，而且满溢于宇宙空间，中世纪的欧洲认为那就是贤者之石。

第五元素（醚）

第一原质	＋	热	＋	干	＝	火
第一原质	＋	热	＋	湿	＝	气
第一原质	＋	冷	＋	湿	＝	水
第一原质	＋	冷	＋	干	＝	土

第一原质

Prima materia，是物质的基础。第一原质搭配上两种物质的性质，即能展现四大元素。

物质的四性质

热、冷、干、湿，即物质的四性质。热与冷、干与湿这类相反性质无法组合在一起。

四大元素

由火、气、水、土构成森罗万象。比起物质本身，更像是支撑其状态的根基。

■ 三原质与七金属

三原质的性质

作为与四大元素理论并驾齐驱的炼金术理论中重要的元素，三原质指的是硫黄、水银和盐。阿拉伯时代的炼金术已经非常重视硫黄和水银的作用，而欧洲又在两者对立的性质基础上融合了基督教的三位一体理论，最终奠定了三原质概念。

水 银	盐	硫 黄
女 性	中 性	男 性
被 动	中 性	能 动
挥发性	固体性	不挥发性
升华性	不可燃性	可燃性
金属之母	金属之子	金属之父
原 质	运 动	形 相
黏 性	灰	脂 肪
灵	肉 体	魂

七金属

炼金术师们之间的特殊理论。七种金属是依铁—铜—铅—锡—水银—银—金的阶段完成。铁器时代的冶金师们以为金属会成长，再加上占星术的影响，于是将其与七颗行星产生联系在一起，当金属受到各自的行星影响即能成长。

铁	火星
铜	金星
铅	土星
锡	木星
水银	水星
银	月亮
金	太阳

炼金术

■ 关于炼金术的种种

阿尔·拉吉的灵丹妙药制造法

所谓灵丹妙药，就是服下后可以不老不死的药方，有时也被等同于贤者之石。根据9世纪伊斯兰教炼金术师阿尔·拉吉，其制造方法如下，不过最核心的"合适的材料"却不明所以。依此顺序完成的灵丹妙药，据说具有将普通金属变成贵金属的能量。

何蒙库鲁兹的制造法

所谓何蒙库鲁兹，是以炼金术创造的人造人。而积极研究企图将炼金术与医学相结合的是帕拉塞尔斯，其制造方式如下，他认为世界（大宇宙）与人类（小宇宙）是相对应的关系，三原质也可以是硫磺＝灵魂、水银＝精神、盐＝肉体的形式，因此通过炼金术也能提炼出人类。

合适的材料
蒸馏、炼烧等

↓

精制物
蜡化

↓

可溶性物质
强碱或氨的溶剂

↓

溶解
凝固、固体化

↓

灵丹妙药

采集男性的精液

↓

放入蒸馏器

↓

密封40天，使其腐败

↓

诞生人形的生命体

↓

每日给予人类的血液

↓

保存在等同马体内的温度达40周

↓

何蒙库鲁兹

尼可·勒梅的黄金生成法

所谓贤者之石，即促成黄金生成的物质，也是炼金术师们一生拼命完成的任务，据说它可达到不老不死或完美灵性的境界。据说，尼可·勒梅曾经成功制造出贤者之石。他的制造方法如下。其中的"哲学家之卵"，是实验器具，也就是现在的烧瓶。

准备最后前阶段的生成物

↓

放入"哲学家之卵"加热

↓

"石"的颜色产生变化
灰色—黑色—白色

↓

完成白色的贤者之石

↓

铅变成银

准备白色的贤者之石

↓

放入"哲学家之卵"加热

↓

"石"的颜色产生变化
白色—彩虹—黄色—橘色—紫色—红色

↓

完成红色的贤者之石

↓

水银变成黄金

炼金术

■ 炼金术中使用的记号

炼金术师们在记载时，会使用特殊的记号。尽管这些记号已具有某种程度的体系化，不过随着时代发展还是有些不同。而且，有些炼金术师们习惯使用自己熟悉的记号代替。因此，下方的案例仅供参考。

四大元素	水	火	地（土）	气

道 具	曲颈瓶	分解炉	蒸馏器	蒸馏管

物 质	硫磺	盐	硫酸	氯化铵
	氯化汞	鸡冠石	矾（硫酸盐）	食 盐	碱式盐
	岩 盐	锑	蛋	硫酸铜	硝 石

十二工程	炼 烧	凝 固	固 定	溶 解
	温 浸	蒸 馏	升 华	分 离	蜡膏化
	发 酵	增 殖	投 入		

炼烧：白羊座　　凝固：金牛座　　固定：双子座
溶解：巨蟹座　　温浸：狮子座　　蒸馏：处女座
升华：天秤座　　分离：天蝎座　　膏化：射手座
发酵：摩羯座　　增殖：水瓶座　　投入：双鱼座

炼金术